Dr. Mario Ludwig
Dr. Harald Gebhardt

Küsse, Kämpfe, Kapriolen SEX im Tierreich

blv

INHALT

Einleitung **6**

Warum die Natur den Sex erfunden hat **8**

Liebeslieder **13**

Flirten, werben, überzeugen **18**

Der Duft für gewisse Stunden **22**

Schöne Männer oder bunte Gockel? **26**

Rivalenkämpfe **29**

Damenwahl oder: Die Qual der Wahl **33**

Es kommt nicht auf die Größe an **36**

Das beste Stück **39**

Treue bis in den Tod **41**

Sexakrobaten, tolle Tänzer und ausdauernde Reiter **44**

Sex mit einer Kannibalin **49**

Trickser, Täuscher und Fallensteller **53**

Gruppensex, Partnertausch und flotte Dreier **58**

Harems – mehr Frust als Lust? **60**

Käufliche Liebe **63**

Homosexualität **66**

Die Sache mit dem Keuschheitsgürtel **70**

Heiße Bilder **74**

Wie paaren sich eigentlich Igel? **76**

Die Sexbesessenen **77**

Das Drama der Zwitter **78**

Geschlechtswechsel – auch im Stundentakt **81**

Fallstricke, Safer Sex und Samen am Stiel **83**

Die Schlacht der Versager **87**

Sexuelle Gewalt **90**

Zeit der Zärtlichkeit **96**

Frauenpower oder: Es geht auch ohne Männer **99**

Nachwuchs – die Last nach der Lust **102**

Einzelkinder, Zwillinge und noch mehr Bälger **113**

Kukuckskinder oder: Wie Tiere fremdbrüten lassen **117**

Sex-Rekorde im Tierreich **120**

Spanische Fliege & Co. **122**

EINLEITUNG

Ob Tiere mehr Freude am Sex haben als wir Menschen, ist nur sehr schwer zu beurteilen. Nimmt man das tierische Liebesleben aber mal etwas genauer unter die Lupe, wird man schnell feststellen, dass es hier eben nicht um langweiligen Blümchen- und Bienchensex geht, wie uns das früher so mancher Biologielehrer weismachen wollte, sondern dass ganz im Gegenteil der tierische Sex oft viel komplizierter, faszinierender und bizarrer ist, als wir uns das manchmal überhaupt vorstellen können.

Das fängt bereits bei den vielfältigen Arten des Flirtens an. Während Vögel, Insekten und sogar Fische sich gerne als Minnesänger betätigen und ihre Angebetete mit einem Ständchen zu verführen suchen, probieren Glühwürmchen, ihre Damen mit Hilfe von Leuchtsignalen rumzukriegen. Manche Krabben wiederum wollen durch heftiges Winken ihrer Scheren zum Erfolg zu kommen. Die tierischen »Anbagger-Methoden« sind dabei oft wesentlich einfallsreicher als die von uns Menschen. Und das müssen sie auch sein, denn in der Welt der Tiere herrscht fast ausschließlich Damenwahl. Dies ist auch ein Grund dafür, dass im Tierreich nicht die Frauen, sondern in der Regel die Herren der Schöpfung aufgetakelt daherkommen. Im Übrigen raufen sich die Männer mancher Tierarten trotz des vornehmen Outfits manchmal derart, dass im wahrsten Sinne des Wortes die Fetzen fliegen. Und das alles, um die Gunst der holden Weiblichkeit zu erzielen!

Außergewöhnlich können auch die Fortpflanzungsorgane im Tierreich sein: Da gibt es Penisse mit Widerhaken oder solche, die 5-mal so lang wie der Körper sind. Und während manche Wale sogar mit dem Penis riechen können, verzichten Tintenfische gänzlich auf den Einsatz eines solchen und übertragen ihre Samenpakete mit einem speziellen Arm. Der Akt selbst kann kurz sein, wie bei den Moskitos, die gerade mal ein paar Sekunden benötigen, oder in Dauersex ausarten wie bei den Stabheuschrecken, die sich oft tagelang lieben.

Im Liebesleben der Tiere gibt es alles, was auch bei uns Menschen bekannt ist: Pinguindamen, die sich prostituieren, Maulwürfe, die ihrer Liebsten einen Keuschheitsgürtel verpassen, und Nacktschnecken, die gigantische Unterwasserorgien feiern. Und dann wären da noch einige Affen, die sich so gerne »unanständige« Bilder betrachten, dass sie sogar bereit sind, sich dieses Vergnügen etwas kosten zu lassen. Auch gleichgeschlechtliche Liebe ist bei Tieren keine

Seltenheit; bei über 450 Tierarten wurden bisher homosexuelle Beziehungen entdeckt. Und wem sein Status als Mann oder Frau nicht mehr gefällt, der tauscht ihn eben – einige Fische können ihr Geschlecht schneller wechseln als wir unser Hemd.

Leider findet man auch im Tierreich sexuelle Gewalt. Aber wer hätte gedacht, dass es ausgerechnet die niedlichen Stockentenerpel und gar Flipper, der Liebling aller Kinder, sind, die immer wieder als brutale Vergewaltiger auffällig werden. Ganz besonders raffiniert gehen Staubmilbenmännchen vor, die ihre Weibchen durch Verabreichung von K.-o.-Tropfen gefügig machen. Und bei der als Sex-Kannibalin verschrienen Schwarzen Witwe kann ein Schäferstündchen für das Männchen sogar tödlich enden.

Und natürlich gibt es im Tierreich auch sexuelle Praktiken, die dem *Homo sapiens* (zum Glück) fremd sind. Da wären zum Beispiel die Strudelwürmer, die sich mit ihren Penissen wilde Gefechte liefern, und Schnecken, die sich zur sexuellen Stimulation gegenseitig einen Liebespfeil in den Körper schießen. Nicht zu vergessen die Männer beim Völkchen der Bienen, die nur dafür leben, eine Königin zu finden und diese zu beglücken, um dann schon beim ersten Mal in die ewigen Jagdgründe einzugehen.

Auch an Sexakrobatik erinnernde Paarungsspiele findet man bei einigen Tierarten. Da gibt es wilde Reiter wie bei den Bachflohkrebsen, die wochenlang auf einem Weibchen reiten, bevor es überhaupt richtig zur Sache geht. Die Männer einer Tanzfliegenart kommen auf einer Gespinstkugel sitzend dahergeflogen, welche sie dann artig der Angebeteten als Geschenk überreichen, und Spritzsalmer verlassen zum Intimverkehr sogar ihr nasses Element mit wasserballettartigen Sprüngen, um sich dann auf Pflanzenblättern außerhalb des Wassers zu lieben. Ebenfalls zu nennen wären die Sexprotze, die sich gleich einen ganzen Harem zulegen, und jene Machos, die die Frauen mit Duftstoffen betäubt in ihrer Höhle gleich dutzendweise stapeln. Alles im Dienste der Fortpflanzung.

Trotz alldem geht es zuweilen auch ganz ohne die Herren der Schöpfung, nämlich bei den Tierarten, die sich ohne Sex fortpflanzen und deren Populationen nur aus Frauen bestehen. Werden Männer überhaupt noch gebraucht, oder sind sie eigentlich überflüssig? Doch, Mutter Natur benötigt die aufdringlichen, geckenhaften und teils verrückten Kerle durchaus, um die einzelnen Tierarten fit für den Lebenskampf zu machen. Wie das zu verstehen ist – und vieles mehr –, erfährt man in den folgenden Kapiteln.

WARUM DIE NATUR DEN SEX ERFUNDEN HAT

Was hat sich Mutter Natur wohl dabei gedacht, als sie den Sex zur Vermehrung der Lebewesen erfand? Wo doch viele Beispiele im Tier- und Pflanzenreich zeigen, dass es auch wesentlich einfacher, nämlich asexuell geht. Denn der Sex bringt jede Menge Nachteile mit sich. So könnten durch Sex die eigenen, guten Gene verwässert werden. Man weiß ja schließlich nie, welche genetischen Defekte oder Defizite der Sexualpartner in sich trägt und an den Nachwuchs vererbt. Für das weitere Überleben der Art kann diese genetische Variante des russischen Roulettes im schlimmsten Fall das Aus bedeuten.

Letztendlich ist Sex auch sehr teuer. Warum leistet sich Mutter Natur die Existenz von zwei Geschlechtern und erzeugt so doppelte Kosten, wo doch die Tierherren der Schöpfung eigentlich – wenn man es überzogen betrachtet – nur als Samenspender dienen. Gut, einige Tierarten haben ja auf diese Verschwendung beim männlichen Geschlecht reagiert, sie senken die Kosten und bilden nur noch Zwergmännchen aus. Beispiele sind die männlichen Winzlinge der Tiefsee-Anglerfische und einiger Spinnenarten. Trotzdem ließe sich die aufwendige Partnersuche, die sich zeitraubend und energieverschlingend gestaltet, bei einer parthenogenetischen Vermehrung (Jungfernzeugung) oder einer Ablegerbildung wie bei Pflanzen doch sinnvoll umgehen. Vor diesem Hintergrund wird deutlich, dass es schwergewichtige Argumente und bedeutende Vorteile geben muss,

um sich ein derart kostenintensives Zwei-Geschlechter-System zu leisten.

Heerscharen von Wissenschaftlern beschäftigten sich schon mit dieser Fragestellung. Alle Erklärungsansätze führten immer wieder auf einen Grundgedanken von Mutter Natur zurück: Sex macht fit fürs Leben. Gemeint ist die stetige Durchmischung der genetischen Ausstattung der einzelnen Lebewesen. Die Arten bleiben konkurrenzfähig und haben damit fast schon die halbe Miete eingefahren. Kurz gesagt: Der Sex der beiden Geschlechter hält das Erbgut intakt. Nach Auffassung der so genannten Environmentalisten erhalten sie dadurch die notwendigen Voraussetzungen, um sich an die stetig wandelnden Umweltverhältnisse anzupassen. Beispielsweise wird der sich immer stärker abzeichnende Klimawandel die Anpassungsfähigkeit der einzelnen Arten aufs höchste beanspruchen. Nur wer sich auf die neuen Bedingungen einzustellen vermag, kann überdauern. Die restlichen Arten müssen ihr Bündel schnüren und abwandern, werden zurückgedrängt oder gehen sogar unter.
Auch gegenüber Krankheitserregern sind die sich sexuell vermehrenden Arten aufgrund des innerhalb einer Population variierenden genetischen Codes widerstandsfähiger (siehe auch die Red-Queen-Hypothese, S. 12). Denn während sich Krankheitserreger und Parasiten bei den Sexliebhabern oft die Zähne ausbeißen, müssen sie den für die gesamte Population gleichlautenden genetischen Code der Sexabstinenzler nur einmal knacken. Selbst wenn bei den Sexuellen viele Individuen ins Gras beißen müssen, überleben immer noch genug, um die Population zu regenerieren. Überspitzt gesagt bedeutet dies, dass Sex fit gegen Krankheitserreger und Parasiten macht.
Eine andere Wissenschaftsfraktion, die »Mutationalisten«, sieht in der permanenten Neukombination von männlichem und weiblichem Erbgut eine Art Reparaturmöglichkeit, um fehlerhafte Sequenzen auf der DNA wiederherzustellen. Eine langfristige Anhäufung schädlicher Mutationen im Erbgut, die die einzelnen Arten in ihrer Konkurrenzfähigkeit benachteiligen können, würde dadurch vermieden.

Sexuelle Fortpflanzung bringt Vorteile bei widrigen Umweltbedingungen

Hefen sind vielen Menschen vom Kuchenbacken und vom Bierbrauen her bekannt. Diese für den menschlichen Essgenuss so wichtigen Mikroorganismen haben jetzt der Wissenschaft im Zusammenhang mit dem Thema »Sex« einen wertvollen Erkenntnisgewinn beschert. Ein Wissenschaftlerteam um Matthew Goddard vom Imperial College in London bestätigte vor kurzem die aus dem späten 19. Jahrhundert stammende Hypothese des deutschen Biologen August Weismann: Sexuell gezeugte Nachkommen können sich wesentlich besser an schlechte Umweltbedingungen anpassen als asexuell entstandene Individuen. Gezielt verhinderten die Wissenschaftler durch Genmanipulation die Fähigkeit zur sexuellen Vermehrung bei Hefezellen. Während die beiden Hefen unter fördernden Bedingungen keine Unterschiede aufwiesen, zeigten sich unter Stress deutliche Differenzen. Hier ergaben sich mit den sexuell aktiven Hefen die besseren Wachstumsergebnisse. Ungeklärt bleibt die Frage, ob sich die an Hefen erzielten Ergebnisse auch auf höhere Lebewesen übertragen lassen.

In Abwandlung eines berühmten Zitats, nämlich »Sex oder kein Sex, das ist hier die Frage«, untersucht der Schweizer Zoologe Christoph Vorburger seit einigen Jahren die Fortpflanzung bei Blattläusen. Er stellte fest, dass es bei diesen Tieren sowohl ungeschlechtliche als auch geschlechtliche Fortpflanzung gibt. Aus den Eiern, die den Winter überstanden haben, schlüpfen im Frühjahr nur Weibchen. Letztere erzeugen über den Sommer bis zum Herbst hin immer wieder Weibchen. Dies schaffen sie über mehrere Generationen und ganz ohne die Herren der Schöpfung. Mit dem Kürzerwerden der Tage im Herbst müssen dann aber echte Kerle ran. So gibt es jetzt plötzlich auch Männchen, die ihren Mann stehen und die Blattlausdamen begatten müssen, damit Winterdauereier produziert werden können.

Machos sollten jetzt aber keine voreiligen Schlüsse ziehen, nach dem Motto: »Ohne Männer geht's halt doch nicht!« Denn erstaunlicherweise fand Voburger auch Populationen, »die sich ausschließlich asexuell vermehren, bei denen also nicht einmal im Herbst Männchen auftreten«. So gelangt Voburger zu der Auffassung, »asexuelle Fortpflanzung eignet sich besonders gut, um neue Lebensräume schnell und flächendeckend zu besiedeln.« Denn beim Nachwuchs kann man auf Männchen verzichten, sodass die Zahl der weiblichen Nachkommen im Prinzip doppelt so hoch sein kann als bei sich sexuell vermehrenden Arten. Der Zoologe Voburger bestätigt aber auch die Nachteile der asexuellen Fortpflanzung: »Wenn es nun einem Parasiten gelingt, diese genetisch identische Population zu befallen, so kann er sie stark schädigen.« Logischerweise wäre eine Mischung von asexueller und sexueller Vermehrung das Optimum im Tier- und Pflanzenreich – so wie es die Blattläuse im Garten vormachen.

Eine sexuelle Welt ist farbig und vielgestaltig, aber auch aggressiv.

Unabhängig davon, welches Vermehrungssystem optimal wäre, ist eines jedoch jetzt schon klar: Mit Sex ist alles bunter und vielfältiger. Wie würde denn eine Welt ohne Sex aussehen? Es gäbe kein Schlagen der Nachtigall, keine wohlriechenden und farbenprächtigen Blumen, keine vielgestaltigen und erstaunlichen Farben und Formen im Tier- und Pflanzenreich – aber auch keinen Kampf um die Brutplätze und die Weibchen. Dies wäre ja alles überflüssig, zumindest in der bisher anzutreffenden Ausprägung.
Auch die Welt von uns Menschen ist voller sexuell bestimmter Attribute und Signale. Im ganz normalen, alltäglichen Leben, im Umgang mit Menschen, in Werbung, Film, Fernsehen, Theater und Musik sowie im Tanz erhalten wir mehr oder weniger verschlüsselte und auch direkte sexuelle Botschaften übermittelt. Ein treffendes Beispiel hierfür sind die so genannten Bollywood-Filme aus indischer

Sex: ein Jungbrunnen für Ameisenköniginnen

Für Ameisenköniginnen ist Sex geradezu ein Lebenselixier. Selbst die Kopulation mit einem unfruchtbaren Partner erhöht die Lebenserwartung der Königinnen um bis zu 50 Prozent. Dies haben Biologen der Universität Regensburg bei Versuchen mit tropischen Ameisen der Art *Cardiocondyla obscurior* herausgefunden. Weshalb Sex bei diesen Ameisen eine lebensverlängernde Wirkung mit sich bringt, wissen die Forscher noch nicht. Sie vermuten jedoch, dass die Liebhaber neben dem Sperma noch weitere Substanzen an ihre Herzensdame weiterreichen. Eventuell könnten in der Samenflüssigkeit Stoffe enthalten sein, die die Produktion von Antioxidanzien im Körper der Ameisendame anregen. Damit wäre die Königin vor den lebensverkürzenden freien Radikalen geschützt.

Produktion. Hier werden alle Register gezogen: Attraktive, glutäugige und vor allem sexuell anziehende Menschen schmachten förmlich nacheinander in farbenfrohen und prächtigen Gewändern. Tanz- und Gesangsszenen verleihen den Filmen eine noch intensivere sexuelle Ausstrahlung. Der Kampf der Geschlechter wird zuweilen in kargen, dann aber wieder in wunderschönen Landschaften mit üppig blühenden Pflanzen sowie lieblichem Vogelgezwitscher und sanft dahinschwebenden schillernden Schmetterlingen dargestellt. Die Sinne sollen betört und die Zuschauer in den Bann der Liebenden einbezogen werden. Stellen Sie sich einmal die »Bollywood«-Filme in Schwarzweiß vor, und der Reiz wird ein wesentlich geringerer sein.

Schwarzweiß wäre die Welt auch ohne die Zweigeschlechtlichkeit der Natur sowie des Menschen. Es gäbe keine sinnliche »Sie« und keinen sexuell anziehenden »Er«, sondern nur das langweilige, uniformierte »Es«. Die Natur könnte die dann überflüssige prächtige Ausstattung der Individuen auf ein Grau in Grau oder ähnlich Eintöniges reduzieren. Es gäbe keine romantischen Sonnenuntergänge zu zweit am Meer, keine prickelnde Zweisamkeit im Mondschein und keine heißen Liebesnächte. Ohne viel Aufhebens würde sich »Es« halt irgendwann einmal teilen. Das einzig Aufregende wäre die Frage, ob »Es« sich quer oder längs teilt.

Die Red-Queen-Hypothese

Mit der Red-Queen-Hypothese versuchte der Paläontologe Leigh van Valen 1973 eine Antwort auf das Rätsel nach dem Vorteil der sexuellen Fortpflanzung und des fortwährenden »Wettrüstens« miteinander konkurrierender Organismen (z.B. Parasit–Wirt) zu geben. Die Hypothese ist nach der »Roten Königin« aus dem Kinderbuch von Lewis Caroll »Alice hinter den Spiegeln« benannt. In dieser Geschichte forderte die Rote Königin Alice zu einem Wettrennen auf. Trotz großen Tempos war jedoch ein Vorwärtskommen unmöglich, wie das Mädchen während des Rennens verwundert feststellte. »In diesem Land musst du so schnell rennen, wie du nur kannst, wenn du am gleichen Fleck bleiben willst«, erklärte ihr die Königin.

Auf die Entwicklungs- bzw. Anpassungsgeschwindigkeit von Lebewesen gegenüber den verschiedenen Umweltgegebenheiten bezogen bedeutet dies, dass für ein Überleben eine rasche Veränderung der einzelnen Arten erforderlich ist. Wer in seiner Entwicklung stehen bleibt, hat den Wettlauf zum Überleben schon verloren.

Damit wird deutlich: Sex ist die Triebkraft, ist der Motor, der das Leben auf der Erde zu dem hat werden lassen, was wir heute vorfinden. Und so folgert denn auch die Biologin und bekannte Buchautorin Olivia Judson treffend: »Der Zwang, einen Partner zu finden und ihn zu verführen, ist eine der stärksten Mächte der Evolution.«

LIEBESLIEDER

Schon die Minnesänger und Troubadoure des Mittelalters wussten, dass der Weg zum Herzen einer schönen Frau durchaus über ein hingebungsvoll gesungenes Liebeslied führen kann. Und auch im Reich der Tiere versuchen nicht wenige Männer, ihre Weibchen durch mehr oder weniger melodische Gesangsdarbietungen zu erobern. Vor allem sind natürlich Vögel dafür bekannt, Vertreter des weiblichen Geschlechts durch musikalische Darbietungen anzulocken und zur Paarung überreden zu wollen. Dabei machen Männchen mit einem großen Gesangsrepertoire auf die Vogeldamen offensichtlich den besten Eindruck, denn die Weibchen schnappen sich tatsächlich den besten Sänger. Und damit liegen Sie völlig richtig, wie amerikanische Neurobiologen jüngst herausgefunden haben. Denn je kunstvoller das Liedgut der gefiederten Troubadoure, desto größer ist auch die Gehirnregion, die für das Erlernen von bestimmten Tätigkeiten verantwortlich ist. Stark vereinfacht gesagt bedeutet das: Gute Sänger sind auch schlauer. Die Vogelweibchen dagegen halten sich normalerweise mit ihren Sangeskünsten zurück und sind nur selten zu hören. Schon seit geraumer Zeit bauen manche Vogelarten auch vom Menschen verursachte Geräusche in ihren Balzgesang ein, um damit der gefiederten Damenwelt zu imponieren. Gern genommen werden Töne wie Hupen oder das Quietschen von Bremsen und seit neuestem – auch Vögel gehen mit der Zeit – Klingeltöne von Handys. Besonders gute Imitatoren sind Dohle, Star und Eichelhäher.

Beim Keulenpipra, einer in Südamerika lebenden Vogelart, verzichten die Männchen allerdings vollständig auf Werbegesänge. Sie beeindrucken ihre Weibchen lieber durch pompöses Rascheln ihrer Federn. Dieser geraschelte Balzruf ist genauso laut wie Vogelgezwitscher und daher weithin hörbar. Da sich die Männchen der rund 10 cm großen Vögel mit mehreren Weibchen paaren, haben gute Raschler auch die besten Chancen auf Nachwuchs.
Interessantes gibt es auch über Heckenbraunellen zu berichten. Während bei den Vögeln meist die Männchen die Liebeslieder trällern, gibt es bei den Heckenbraunellen auch Minnesängerinnen. Die Heckenbraunellenmädels zeigen mit ihren Liebesmelodien, wie viel ihnen am Partner liegt. Darüber hinaus versuchen die Vogeldamen mit ihrem Gesang auch stets Rivalinnen aus ihrem Umfeld zu vertreiben und, falls sie noch nicht vergeben sind, einen passenden Vogelmann anzulocken. Es konnte beobachtet werden, dass die Damen besonders intensiv zu trällern beginnen, wenn sich der treulose Partner für eine andere Vogelfrau interessiert. Dabei stehen die eifersüchtigen Damen ihren treulosen Liebhabern in nichts nach. Wenn sich Gelegenheit bietet, baggern sie nämlich ganz ungeniert jeden Fremden an, der in ihre Nähe kommt.
Bleibt noch ein anderer, äußerst interessanter Vertreter aus der Vogelwelt, der Auerhahn, über den berichtet werden kann. Der Balzgesang des Auerhahnmannes ist etwas Besonderes. Im Morgengrauen, hoch oben in den Bäumen mit bester Aussicht sitzt der liebestolle Gockel da, in seinem schönsten Hochzeitsanzug. Liebestoll auch deshalb, weil der Testosteronspiegel um das 100-fache gegenüber dem Normalwert ansteigt und die Hähne besonders aggressiv werden lässt. In diesem Zustand greifen sie wie berauscht auch ab und zu einmal ahnungslose Wanderer oder Pilzesammler an, die sich in ihr Revier gewagt haben, und attackieren diese mit Schnabelhieben. Der Liedvortrag besteht aus mehreren Elementen, wie dem so genann-

ten Knappen, Trillern, dem Hauptschlag und schließlich dem Wetzen. Ist es dem Troubadour endlich gelungen, mit seinen Sangeskünsten die holde Weiblichkeit anzulocken, wird der Balzgesang auf dem Boden fortgesetzt, bis es den Hennen warm ums Herz wird und sie sich dem Minnesänger verzückt hingeben.
Auch beim Gesang der Wale handelt es sich um »gesungene« Liebesbotschaften der Männchen an die Weibchen. Gleichzeitig sollen aber auch unliebsame Rivalen eingeschüchtert werden. Die längsten und vor allem kompliziertesten Liebeslieder produzieren dabei männliche Buckelwale. Die Buckelwalbullen singen fast nur an ihren Paarungsplätzen, wo sie den Weibchen unermüdlich, nur durch die Pausen zum Atemholen unterbrochen, ein Ständchen nach dem anderen bringen. Manchmal singen die grauen Riesen bis zu 23 Stunden, um die Gunst eines Weibchens zu erlangen. Die Lieder, die aus Pfiffen, Bellen, Schreien, Rufen, Grunzen und Stöhnen bestehen, sind sehr komplex und regelrecht in Verse oder Themen unterteilt und können dabei je nach Population sehr unterschiedlich sein. So haben die Buckelwale des Nordpazifiks ein völlig anderes Liedgut als die Buckelwale des Südpazifiks. Manchmal lässt sich sogar ein einzelner Buckelwal an seinem spezifischen, unverwechselbaren Gesang identifizieren.

Finnwale dagegen sind die lautesten Sänger im Tierreich. Die Gesänge, mit denen Finnwalmänner in den Tiefen der Ozeane das Herz eines Weibchens gewinnen wollen, können von einer Finnwaldame noch in weit über 1000 km Entfernung vernommen werden. Für die Finnwale ist diese Art der Kommunikation überlebensnotwendig, denn die Tiere versammeln sich nicht wie andere Wale an speziellen Orten zur Paarung. Die sehr tiefen Töne der Wale, Wissenschaftler sprechen von Infraschall, werden mit einer Lautstärke von etwa 188 Dezibel ausgestoßen – das entspricht dem Lärm, den ein startender Düsenjäger verursacht. Einige Forscher vermuten sogar, dass ein männlicher Finnwal im Indischen Ozean per Infraschall locker die Aufmerksamkeit eines Finnwalweibchens im Pazifik erregen kann.

Das umfangreichste Lautrepertoire haben wahrscheinlich Beluga- oder Weißwale, weshalb diese bis zu 6 m langen sangesfreudigen Zahnwale früher von Walfängern auch gerne als »Kanarienvögel der Meere« bezeichnet wurden. Oft sind die Gesänge dieser Meeressäugerart auch oberhalb der Wasseroberfläche oder sogar im Rumpf eines Schiffes zu vernehmen.

Auch bei den Fröschen gehen die Männchen lautstark auf Partnersuche. Die Froschherren haben es jedoch schwer, müssen sie doch an den Seen und Teichen ständig ihre ebenfalls quakenden Konkurrenten mit noch lauterem Gequake übertönen. Aber Ausdauer und Lautstärke zahlen sich offenbar aus, denn Wissenschaftler haben herausgefunden, dass die Weibchen verschiedener Froscharten besonders penetrant quakenden Frosch-Minnesängern den Vorzug geben.

Viele Fischarten sind eben nicht so »stumm wie ein Fisch«, wie uns der Volksmund weismachen will. So singt das Männchen des Bootsmannsfisches *(Porichthys notatus)* zur Paarungszeit im seichten Meerwasser entlang der amerikanischen Westküste ganze Arien, um Weibchen anzulocken. Der etwa 25 cm große Fisch, der von der Gestalt her an eine Kröte erinnert, erzeugt seinen Paarungsruf mit außerordentlich schnellen Muskeln, deren Kontraktionen seine Schwimmblase vibrieren lassen. Der Fischgesang, der nach Aussagen entnervter Ohrenzeugen an eine tief fliegende Bomberstaffel erinnert, ist so laut und lang andauernd, dass Bewohner von Hafenstädten in so manchen Sommernächten um den Schlaf gebracht werden. Besonders betroffen sind die Bewohner von Hausbooten, da die brummigen Liebeslieder sogar die Rümpfe ihrer Boote zum Vibrieren bringen. Mit einem cleveren Schachzug haben übrigens die weiblichen Bootsmannsfische dafür gesorgt, dass sie nicht zur Unzeit vom permanenten Liebeswerben der Männchen genervt werden, denn sie wollen den lautstarken Liebesliedern natürlich nur dann lauschen, wenn sie paarungsbereit

Die nervtötenden Troubadoure am Mittelmeer

Zikaden haben mit ihrem lauten und permanenten Zirpen die Nachtruhe schon so manches Südeuropa-Urlaubers empfindlich gestört. Sind doch die für menschliche Ohren eher nervtötend klingenden Lieder, mit denen die liebeshungrigen Männchen dieser Insektenfamilie Weibchen zur Paarung anzulocken versuchen, noch in einer Entfernung von bis zu 400 m deutlich vernehmbar. Der Gesang wird durch Muskelkontraktion zweier am Hinterleib sitzender Schallmembranen erzeugt, der Hinterleib selbst dient als Resonanzkörper.

sind. So hören die Weibchen normalerweise in dem Frequenzbereich, in dem die liebestollen Herren singen, nur schlecht. Erst durch ein Ansteigen der Konzentration des weiblichen Geschlechtshormons Östradiol in der Paarungszeit wird die Struktur des Innenohrs so verändert, dass auch Frequenzen über 100 Hertz und damit die Lockgesänge der Männchen vernommen werden können.
Grillen dagegen singen mit den Flügeln. Die liebeshungrigen Männchen erzeugen ihren charakteristischen Gesang, indem sie die Flügel aneinanderreiben, wobei eine spezielle Schrillkante über eine gezähnte Schrillader streift. Wissenschaftler bezeichnen diesen Vorgang, bei dem ein zirpender Laut entsteht, als Stridulation. Der recht laute einsilbige Lock-»Gesang« wird von Feldgrillen bevorzugt am Eingang ihrer Erdhöhle vorgetragen und ist bis in die warmen Nachtstunden hinein etwa 50 m weit zu hören. Die »Ohren« sitzen bei Grillen übrigens nicht am Kopf, sondern an den Vorderbeinen, wo sie mit Hilfe eines mit einem Trommelfell ausgestatteten Gehörorgans Schall und Luftvibrationen wahrnehmen können. Wissenschaftler der Universität von New South Wales haben jetzt bei Untersuchungen an australischen Feldgrillen herausgefunden, dass manche Grillenmännchen für den sexuellen Erfolg einen sehr hohen Preis bezahlen. So haben wohlgenährte Grillen-Casanovas zwar eine günstige Ausgangsposition in Sachen Sex, weil sie schon früh zu singen beginnen und damit erfolgreicher Weibchen anlocken können als schwächlichere Artgenossen. Andererseits verpulverten »Power-Männchen« ihre gesamte Energie bald ganz mit ihrem unermüdlichen Werbegesang. Letztendlich zehrten die durchsungenen Nächte dann so stark an den Kräften der Grillenmännchen, dass sie deutlich früher starben als ihre vermeintlich glückloseren Rivalen. Aus fortpflanzungsbiologischer Sicht nicht unbedingt ein Nachteil: Die Grillen opferten quasi Lebenszeit, um dafür deutlich mehr Nachkommen zu produzieren als ihre schwächeren, aber deutlich langlebigeren Artgenossen.

Liebeslieder im Ultraschallbereich

Mäusemänner singen im Ultraschallbereich für ihre Liebste. Für das menschliche Ohr sind die nach Ansicht von Wissenschaftlern durchaus melodischen Piepsersequenzen von männlichen Mäusen nicht zu vernehmen, wohl aber von paarungsbereiten Mäusedamen. Damit gehören Mäuse neben Walen, Fledermäusen und natürlich Menschen zu den wenigen Säugetieren, die mit Hilfe der Musik auf Brautschau gehen.

Übrigens: Während wir Mitteleuropäer dem Gesang der Grillen nicht wirklich etwas abgewinnen können, hielt man früher in China die singenden Insekten gerne in oft kostbar verzierten kleinen Käfigen, um dem melodischen Gezirpe besser lauschen zu können.

FLIRTEN, WERBEN, ÜBERZEUGEN

Tiermänner, die aus welchen Gründen auch immer nicht in der Lage sind, ihre Liebste mit einem Liebeslied zu verführen, wie dies etwa Vögel und Wale, aber auch einige Insektenarten so trefflich beherrschen, müssen sich etwas anderes einfallen lassen, um bei der Damenwelt zum Zuge zu kommen. Denn ohne gute Eigenwerbung läuft bei den meisten Tieren in Sachen Sex nur herzlich wenig. Frauen wollen nämlich auch im Tierreich nicht nur umworben, sondern oft auch von gewissen Qualitäten überzeugt werden, bevor sie sich mit einem Männchen einlassen. Dabei müssen sich die Männchen natürlich auch den Lebensgewohnheiten und den Gegebenheiten ihrer Umwelt anpassen. So flirten Glühwürmchen grundsätzlich nur nachts, denn tagsüber würden ihre blinkenden Liebesbotschaften ja glatt übersehen werden. Zunächst einmal gilt es jedoch festzuhalten, dass die Bezeichnung Glühwürmchen gleich doppelt irreführend ist, denn es handelt sich hier keinesfalls um einen Wurm (auch wenn die weiblichen Tiere so aussehen), sondern um einen Leuchtkäfer, und ein Glühwürmchen glüht auch nicht, sondern erzeugt in einem enzymatisch gesteuerten chemischen Prozess in speziellen Leuchtorganen ein kaltes Licht. In der Wissenschaft wird dieser Vorgang

als Biolumineszenz bezeichnet. Die Leuchtsignale der Glühwürmchen dienen der Partnerfindung. Bei einigen Arten haben nur die Weibchen Leuchtorgane, bei anderen Arten können beide Geschlechter blinken. Und damit ein Leuchtkäfer nicht etwa bei der falschen Dame landet, unterscheiden sich die verschiedenen Leuchtkäferarten in der Länge und im Rhythmus der Leuchtsignale.
Die blinkenden Liebesbotschaften der kleinen Käfer haben übrigens manchmal sogar einen positiven Einfluss auf das Liebesleben des *Homo sapiens*, denn gerade in lauen Frühsommernächten ruft das grünliche Leuchten der Glühwürmchen eine unnachahmlich romantische Stimmung in Wäldern und Parks hervor.
Eines ganz üblen Tricks bedienen sich die Weibchen der nordamerikanischen Leuchtkäfergattung *Photuris*, um Beute anzulocken und zu verspeisen. Sie imitieren perfekt die Blinksignale der Weibchen der Leuchtkäfergattung *Photinus*. Nähern sich jetzt *Photinus*-Männchen arglos der vermeintlichen Geschlechtspartnerin, erleben sie eine böse Überraschung, die auch meist ihre letzte ist, denn die kannibalischen Weibchen können die frisch gelandeten liebesblinden Männchen leicht überwältigen. Einige *Photuris*-Arten verfügen sogar über ein ganzes Repertoire an Lichtsignalen mehrerer Leuchtkäferarten, das sie je nach Bedarf einsetzen können.
Auch männliche Fregattvögel setzen klar auf optische Reize, denn die Weibchen dieser in den Subtropen und Tropen beheimateten Meeresvögel stehen ganz offensichtlich auf die leuchtend roten Kehlsäcke der Männchen, die diese während der Balz zu riesigen »Werbe-Ballons« aufblasen können. Damit es auch weithin sichtbar ist,

präsentieren die Fregattvogelmänner ihr »bestes Stück« möglichst von Bäumen oder hohen Büschen. Die älteren Herren einer Fregattvogelkolonie mit den eindrucksvollsten Kehlsäcken beanspruchen dabei die besten Sitzplätze. Nähert sich dann ein Weibchen, zeigt sich stets die ganze Herrenkolonie von ihrer besten Seite. Da wird unermüdlich der Kehlsack aufgepumpt, werden die Flügel ausgebreitet und wird mit dem Schnabel geklappert. Eine schweißtreibende Angelegenheit. Hat ein Weibchen allerdings dann mal einen Bewerber erhört, ist es bald vorbei mit der Pracht – nach der Eiablage bildet sich der Kehlsack der Männchen auf Normalmaß zurück, und auch die leuchtend rote Farbe weicht dann einem eher tristen Orange.

Wenn Winkerkrabben winken, haben sie nur eins im Sinn – Sex. Und dabei gibt es eine klare Rollenverteilung. Während die Weibchen der Winkerkrabben wie alle anderen Krabbenarten auch zwei völlig normale Essscheren haben, ist beim Männchen eine Zange gewaltig vergrößert – viel zu groß, um damit Futter aufnehmen zu können. Das monströse Greifgerät, das fast die Hälfte des Körpergewichts ausmacht, dient allein der Balz: Durch heftiges Hin-und-Her-Schwenken des meist farbenprächtigen und stets gut geputzten Statussymbols sollen Weibchen beeindruckt und gleichzeitig rivalisierende Männchen in ihre Schranken gewiesen werden. Erhört ein Weibchen den unermüdlichen Winker, folgt es ihm in seine Höhle zur Begattung. Bevor es jedoch so weit kommt, müssen sich, zumindest bei den kalifornischen Winkerkrabben, die Krebskavaliere mächtig ins Zeug legen, denn Winkerkrabbenweibchen gehören – was die Partnerwahl betrifft – zu den wählerischsten Tieren überhaupt. Sie testen im Schnitt 23 Kandidaten, bevor sie sich einem Winkerkrabbenmann hingeben. Amerikanische Wissenschaftler haben herausgefunden, dass es sogar bis zu 100 potenzielle Liebhaber sind, die die Krabbendamen einer genauen Inspektion unterziehen. Dabei stehen nicht einmal Größe oder Aussehen der Männer im Vordergrund, sondern ihre handwerklichen Fähigkeiten. Denn ausschlaggebend für die Partnerwahl ist die Qualität der Wohn- und Nisthöhle, die das Männchen während der Paarungszeit angelegt hat. Hier

steht also ein ausgeprägtes Sicherheitsdenken im Vordergrund. Das entscheidende Kriterium für die Krabbendamen ist nämlich nicht allein die Größe und Ausstattung der Höhle, sondern vor allem auch die Größe der Höhlenöffnung, denn nur eine ausreichend große Öffnung der Nisthöhle gewährleistet ein rasches Entkommen des zukünftigen Nachwuchses, was wiederum die Gefahr, von einem Fressfeind erwischt zu werden, stark reduziert.
Sex ist für Winkerkrabbenmännchen wirklich eine komplizierte Angelegenheit, denn wenn es den Krabbenherren endlich gelungen ist, ein Weibchen in ihre Höhle zu locken, stehen sie schon vor dem nächsten Problem. Wie sollen sie Sex mit einer Dame haben, die komplett in einen (Chitin-)Panzer eingeschlossen ist? Da gibt es nur eine Lösung: Der Panzer muss weg – das Weibchen muss sich also

Aufreißstrategie: einen auf guter Vater machen

Bei Sandgrundeln stehen gute Väter bei der Damenwelt hoch im Kurs. So haben Männchen dieser kleinen Meeresfische, die sich als besonders fürsorgliche Väter gezeigt haben, deutlich höhere Chancen, von zukünftigen Partnerinnen erhört zu werden, als Rabenväter. Deshalb haben sich die Sandgrundelmänner eine besonders raffinierte Aufreißstrategie einfallen lassen: Sie spielen den Weibchen mit großem schauspielerischem Können einfach vor, ein guter Vater zu sein. So haben finnische Wissenschaftler herausgefunden, dass das fürsorgliche Brutverhalten der vermeintlich ach so guten Väter nur so lange anhält, wie Weibchen anwesend sind. Nur so lange nämlich tarnten die betrügerischen Männchen brav die Gelege mit Sand oder fächelten den Eiern unermüdlich mit den Brustflossen frisches, sauerstoffhaltiges Wasser zu. Kaum war jedoch kein Weibchen mehr in Sicht, zeigten die Herren Sandgrundeln ihr wahres Gesicht: Sie vernachlässigten nicht nur mit einem Schlag sträflich ihre soeben noch eindrucksvoll vorgetäuschten väterlichen Pflichten, sondern verspeisten manchmal sogar das gesamte Gelege.

Was für Sandgrundeln gilt, gilt – zumindest zum Teil – auch für Menschen, denn nach neuesten Untersuchungen trifft das gängige Klischee, dass Männer, die mit einem Kinderwagen im Park unterwegs sind, leichter mit der Damenwelt anbändeln können, tatsächlich zu. Männer, die kein süßes Kleinkind vorweisen können, sollten die Flinte jedoch nicht ins Korn werfen – ein süßes Hundebaby tut es in den meisten Fällen auch.

Viele Molcharten schinden bei den Damen ihres Herzens Eindruck indem sie den »Kamm stellen«. Sie bilden während der Balz und Paarungszeit riesige Rückenkämme aus, die offensichtlich die Molchdamenwelt mächtig beeindrucken.

noch vor dem Sex häuten. Mit dem »nackten« Weibchen kann sich dann das Männchen paaren – aber nur so lange, wie die neue Panzerung zum Aushärten benötigt. Alles in allem hat man es als Winkerkrabbenmännchen in Sachen Sex wirklich nicht leicht.

Etwas wirklich ganz Besonderes haben sich die Männchen der Springspinnenart *Habronattus dossenus* einfallen lassen, um ihre Angebetete rumzukriegen. Sie erfreuen die Dame ihrer Wahl nämlich mit einem Stepptanz, an dem selbst Fred Astaire seine wahre Freude gehabt hätte. Durch rhythmisches Auf-den-Boden-Schlagen ihres Hinterleibs und ein komplexes Muster von stampfenden, trommelnden und kratzenden Beinbewegungen erzeugen während einer regelrechten Tanzdarbietung die Spinnentänzer Vibrationen, die von ihrer (hoffentlich begeisterten) weiblichen Zuhörerschaft mit speziellen Sinnesorganen an den Beinen wahrgenommen werden können. Die kunstvollen Stepptanzeinlagen der kleinen Krabbeltiere, die auch von menschlichen Ohren wahrgenommen werden können, dauern im Extremfall bis zu 45 Minuten.

DER DUFT FÜR GEWISSE STUNDEN

Bei vielen Tieren geht ohne Hilfe aus dem Reich der Düfte in Sachen Sex überhaupt nichts. Erst Sexualduftstoffe – Wissenschaftler sprechen von Pheromonen – regen den sexuellen Appetit an und sorgen dafür, dass der gewünschte Partner

unwiderstehlich angezogen wird, und das auch noch zum richtigen Zeitpunkt. Liebe geht eben durch die Nase oder welches Riechorgan auch immer die verschiedenen Tierarten zur Verfügung haben. Meist sind es die Weibchen, die durch Pheromone liebeshungrige Männchen anlocken wollen. Das Wort »Pheromon« stammt übrigens aus dem Griechischen und bedeutet »Träger von Erregung«.
Das wohl bekannteste und zugleich auch beindruckendste Beispiel für den Einsatz von »Lockstoffen der Liebe« findet sich beim Seidenspinner. Die Weibchen dieses Nachtfalters sind mit Hilfe des mittlerweile gut untersuchten Pheromons Bombykol in der Lage, Männchen auf eine Entfernung von mehreren Kilometern auf sich aufmerksam zu machen. Die Männchen erschnüffeln den Sexuallockstoff, den die Weibchen aus speziellen Drüsen ihres Hinterleibs abgeben, mit sehr empfindsamen Rezeptoren auf ihren Fühlern. So genügt manchmal bereits ein einziges Molekül Bombykol, um die Seidenspinnermänner in Richtung Weibchen in Bewegung zu setzen.

Hamster mögen es offensichtlich kompliziert, denn bei den putzigen Nagetieren ist der Ablauf der Paarung sogar durch eine ganze Reihe von Pheromonausstößen streng geregelt. Zunächst legt das Weibchen der solitär, das heißt allein mit »eigenem Hausstand«, lebenden Nager mit dem Pheromon Dimethylsulfid eine Duftspur, die das paarungsbereite Männchen in den Bau der Hamsterdame lockt. Aber nur wenn der Hamstermann dort auch das Kopulationspheromon Aphrodisin erschnüffelt, kommt es zum Vollzug der Paarung. Dazu gibt jetzt wiederum das Männchen ein Pheromon ab, das beim Weibchen die so genannte Duldungsstarre auslöst und somit dem Mann Gelegenheit zu einer reibungslosen Paarung gibt. Nach dem Akt werden die Männer allerdings im Bau der Damen nicht mehr geduldet.
Auch Elefanten signalisieren ihre Paarungsbereitschaft via Pheromone. Elefantenkühe gehen dabei auf Nummer sicher und verpacken ihre duftenden Liebesbotschaften sogar regelrecht, um sie länger haltbar zu machen. So haben amerikanische Wissenschaftler der Columbia-Universität herausgefunden, dass die Elefantinnen ihre zusammen mit dem Urin ausgeschiedenen Pheromone mit einer Art »Proteinumschlag« gegen allerlei Umwelteinflüsse schützen. Wenn ein Elefan-

tenbulle dann später den Urin mit seinem Rüssel aufnimmt, zerfällt der Protein-Pheromon-Komplex und die Liebesbotschaft wird freigesetzt.

Dass Pheromone auch unter Wasser funktionieren, zeigt das Beispiel der Hummer. So ist bekannt, dass die paarungsbereiten Weibchen der von Feinschmeckern so begehrten Krebstiere bei der Begegnung mit einem Männchen ein Pheromon mit aggressionshemmender Wirkung absondern, das verhindert, dass sie vom Hummermännchen als Rivale betrachtet und gefressen werden. Stattdessen lädt der »benebelte« Hummermann das Weibchen auf eine heiße Liebesnacht in seine Wohnhöhle ein.

Ob auch das Liebesleben der Menschen von Pheromonen bestimmt oder zumindest beeinflusst wird, ist unter Wissenschaftlern umstritten, denn die Pheromon-Forschung beim *Homo sapiens* steckt noch in den Kinderschuhen. Die wichtigsten bei Säugetieren bekannten Pheromone sind der männliche Sexuallockstoff Androstenon sowie die so genannten Copuline, die vom Weibchen ausgeschüttet werden. Diese Pheromone wurden zwar auch beim Menschen nachgewiesen, haben aber

Tödliche Düfte

Im Pflanzen- und Vorratsschutz arbeitet man gerne mit synthetisch hergestellten Pheromonen. Bei der Schädlingsbekämpfung, in der Pheromone als Lockstoff eingesetzt werden, finden die Männchen am Ort der Pheromonquelle zu ihrem Entsetzen anstelle eines liebeshungrigen Weibchens eine tödliche Falle vor. So benutzt man z.B. zur Bekämpfung des Borkenkäfers, eines gefürchteten Holzschädlings, so genannte Flugfallen, die mit dem Sexuallockstoff der Weibchen ausgestattet sind. Die Männchen der Schadinsekten orten diese Duftquelle und fliegen durch Schlitze in der Wandung in die Falle, aus deren Sammelbehälter es kein Entkommen mehr gibt.

Bei der Bekämpfung des Traubenwicklers, eines Schmetterlings, der im Weinbau schwere Schäden anrichten kann, setzt man dagegen auf die so genannte Verwirrmethode. Dabei bringt man in den Weinbergen größere Mengen künstlich hergestellter weiblicher Traubenwicklerpheromone aus. Die angelockten Männchen werden durch die hohen Pheromonkonzentrationen orientierungslos und finden nicht mehr den Weg zu den Weibchen, was natürlich negative Folgen für die Vermehrung der Schadorganismen hat. Pheromonmethoden bieten eine giftfreie und damit umweltfreundliche Alternative zu den herkömmlichen Schädlingsbekämpfungsmitteln.

offensichtlich eine deutlich geringere Wirkung als im Tierreich. Nichtsdestoweniger bieten viele findige Parfümhersteller »Pheromon-Elixiere« an, mit denen man angeblich seine sexuelle Anziehungskraft gewaltig steigern kann. Ob es aber wirklich genügt, sich mit den mit Pheromonen versetzten Duftwässern kräftig einzunebeln, um hübsche Frauen gleich dutzendweise magisch anzuziehen, darf bezweifelt werden. Allerdings wurde vor noch nicht allzu langer Zeit ein interessantes Experiment zur Wirkungsweise von Androstenon auf den Menschen durchgeführt: Man besprühte einige Sitze eines Theaters und die darauf ausgelegten Programmhefte kräftig mit Androstenon. Das Ergebnis war verblüffend: Während männliche Theaterbesucher einen Bogen um die eingesprühten Sitze machten, ließen sich Damen bevorzugt darauf nieder und nahmen nach dem Ende der Aufführung die liebesbedufteten Programmhefte sogar mit nach Hause. Neutral riechende Programmhefte blieben dagegen liegen. Übrigens war das Experiment sicherlich nicht ganz billig, denn nur 1 g des so genannten Eberhormons Androstenon kostet im Handel rund 10 000 Euro.
Die amerikanischen Bolaspinnen haben mit Hilfe von Duftstoffen eine raffinierte Art des Beutefangs entwickelt. Im Gegensatz zu anderen Spinnen, die in ihrem Fangnetz auf ihre Beute lauern, schleudern sie – ähnlich wie die argentinischen Gouchos dies mit ihren Bolas beim Rinderfang tun (Name!) – ihren Opfern einen Spinnfaden entgegen, an dessen Ende sich sozusagen als Wurfhaken ein klebriger Tropfen befindet. Die Spinne muss dann nur noch das Lasso, an dem ihr Opfer hilflos zappelt, heranziehen und ihre gefesselte Beute in Ruhe verspeisen. Um ihre bevorzugte Beute – diverse Nachtfalterarten – in den Wurfbereich ihres Lassos zu locken, bedient sich die Spinne eines teuflischen Tricks: Sie produziert je nach Bedarf täuschend echte Imitate des Sexuallockstoffs, mit dem die Falterweibchen ihre Männchen üblicherweise zum Sex verführen. Die Bolaspinnen können dabei ihre Pheromonimitate sogar genau auf die Art und Aktivität der einzelnen Falterarten abstimmen.
Die Spinnenragwurz bedient sich ebenfalls eines Duftes, wenn es um ihre Bestäubung geht. Die heimische Orchideenart gehört nämlich zu den »Sexualtäuschblumen«, das heißt, sie lockt nicht nur durch das Aussehen ihrer Blüte, die von der Optik her an eine weibliche Biene erinnert, männliche Bienen herbei, sondern verströmt auch noch zusätzlich ein Imitat der weiblichen Bienen-Sexuallockstoffe. Wissenschaftler haben herausgefunden, dass die Orchidee dabei in der Lage ist, sowohl die chemische Zusammensetzung als auch die Geruchsintensität des Pheromons ihres Bestäubers, der solitär lebenden Biene *Andrena nigroaenea*, perfekt nachzuahmen. Kurz gesagt, die Spinnenragwurz sieht nicht nur wie eine weibliche Biene aus, sondern riecht auch noch wie eine, die Lust auf Sex hat. Viele

Männchen fallen auf die Täuschung rein und bestäuben bei ihren (vergeblichen) Kopulationsversuchen die Pflanzen. Vor kurzem konnten Wissenschaftler auch klären, warum die Bienen nur von jungfräulichen Orchideen angelockt werden. Die Orchideen imitieren nämlich auch ein Aroma, das weibliche Bienen abgeben, die bereits befruchtet wurden. Mit dieser Duftabgabe soll wahrscheinlich erreicht werden, dass die relativ selten vorkommenden Solitärbienen unnötige Zeit mit Pflanzen vertrödeln, die bereits bestäubt wurden.

SCHÖNE MÄNNER ODER BUNTE GOCKEL?

Herausgeputzt wie ein Gockel kommt er daher, der Mann. Diese Redewendung zeigt deutlich, worum es in diesem Kapitel geht. Im Tierreich geht es nämlich genau anders zu als im menschlichen Leben. Denn während bei den Menschen oft die holde Weiblichkeit aufgetakelt durch die Welt zieht, stolzieren, schwimmen oder fliegen in der Natur viele Tiermänner üppig herausgeputzt herum. Was für eine Verschwendung, sagen die einen, wenn ein Pfauenmann seine Schwanzfedern zu einem wunderschönen Rad öffnet oder der Paradiesvogelmann ein eher hinderliches langes Prunkgefieder mit sich herumschleppt. Wozu soll das gut sein, fragen die anderen. Generell stehen solche Verhaltensweisen und die aufwendige Show im Zusammenhang mit dem wichtigsten Anliegen im Tierleben. Es geht um das Gewinnen der Gunst der Weibchen und damit um Sex.

Viele Vogeldamen fliegen förmlich auf die herausgeputzten und farbenprächtigen Herren der Schöpfung.

Bunte männliche Gecken und eine unscheinbare Weiblichkeit gibt es nicht nur in der Vogelwelt, wobei man zugeben muss, dort sind sie besonders häufig. Vergleicht man einmal die lebhaft farbenfrohe Ausstattung des Goldfasanmannes mit der schmucklos-bräunlichen Ausstattung der Fasanendame, so ist der Unterschied erheblich. Ähnlich verhält es sich beim Auerwild; auch hier weist der Hahn eine prächtige Gefiederfärbung auf, die Henne ist eher unscheinbar. Zudem haben die Männchen vieler Fasanen sowie des Auerwildes fleischfarbene Schwellkörper bzw. nackte, leuchtend rote Hautstellen (Balzrosen) am Kopf. Diese signalisieren, dass es sich um ein paarungswilliges Individuum handelt. Fasanenhennen finden einen solchen Gecken offenbar unwiderstehlich. Der rote Kehlsack beim Fregattvogel kann in diesem Zusammenhang ebenfalls aufgeführt werden (siehe S. 19 f.).
Weitere Vogelarten präsentieren sich ebenfalls nur in der Balzzeit in besonders schönem Hochzeitsgewand. Ein solcher Kandidat ist das Stockentenmännchen, bei dem Teile des Federkleides in blauen, grünen und braunroten Tönen schillern. Verantwortlich für diese Färbung ist nicht etwa das verstärkte Auftreten von männlichen Hormonen, sondern das Zurückdrängen weiblicher Hormone im Hormonhaushalt. Man konnte diesen Zusammenhang durch verschiedene Versuche belegen. Eine kastrierte Entendame zeigt nämlich plötzlich ein Prachtgefieder – wie ein Stockentenmännchen. Damit wird deutlich, dass das ausschließlich zur Paarungszeit getragene Prachtgefieder die eigentliche Grundfärbung der Stockenten darstellt. Eine derart farbenfrohe, formidable Färbung wäre bei der Jungenaufzucht aber absolut unangebracht, da viel zu auffällig. Hervorragend tarnt für diesen Zweck das erdbraune Federkleid des Weibchens, das auf diese Weise mit der Umgebung besser verschmilzt.
Auch bei vielen Fischen kann insbesondere zur Laichzeit ein erheblicher Farbunterschied zwischen Männlein und Weiblein festgestellt werden. Bei revierbildenden Fischarten wird damit den Rivalen signalisiert: »Hier bin ich der Boss, und kein anderer Mann darf in mein Revier!«, gleichzeitig wird den Fischdamen übermittelt: »Ich bin scharf auf dich und will dich haben!« Auch bei im Schwarm laichenden Arten zeigt die farbenfrohe Hochzeitstracht die Paarungsbereitschaft an. Unter den einheimischen Fischen sind in der Laichzeit u. a. Elritze, Dreistachliger Stichling und Bitterling besonders farbenprächtig. Unter den tropischen Fischarten weist der Guppy, ein Vertreter der lebendgebärenden Zahnkarpfen,

nicht nur einen Gestaltdimorphismus (Dimorphismus = Zweigestaltigkeit, in diesem Fall größere Weibchen) auf, sondern auch einen Farbdimorphismus; auch hier sind natürlich die kleineren Herren der Schöpfung wesentlich prächtiger herausgeputzt.

Bei den Insekten tritt der von den Vögeln und Fischen schon bekannte und weit verbreitete Farbdimorphismus bei Männchen und Weibchen in geringerem Umfang auf. Aber auch hier gibt es interessante Beispiele. Der Große-Feuerfalter-Mann etwa leuchtet in einem kräftigen Orange, während das Weibchen die gleiche Flügelfarbe mit vielen schwärzlichen Flecken aufweist. Unterschiede in der Farbgebung findet man auch beim Aurorafalter (Männchen: Vorderflügel orange, Weibchen: Vorderflügel ohne orange Färbung), bei der Heidelibelle (Männchen: rot, Weibchen: bräunlich) und beim Plattbauch (Männchen: hellblau, Weibchen: gelb, hellbraun). Neben Duftstoffen sind es also auch die Farben bzw. Farbmuster, die als Sexualauslöser im Kampf- und Balzverhalten gesehen werden können. Denn

Farbdimorphismus im UV-Bereich

Viele Insekten sind bekanntlich in der Lage, Farben im UV-Bereich zu erkennen. Während für das menschliche Auge Männchen und Weibchen mancher Insektenarten die gleiche Farbgebung aufweisen, kann sich das Farbbild für die Insekten selbst völlig anders darstellen. Bei verschiedenen amerikanischen Schmetterlingsarten reflektieren die Flügelschuppen entweder von männlichen oder weiblichen Tieren das UV-Licht. Die Geschlechtspartner finden über diese Unterschiede zusammen. Es wird immer der nicht reflektierende Partner verfolgt, unabhängig davon, ob es sich hierbei um das Männchen oder das Weibchen handelt.

Leuchtende Farben erhöhen die Chance auf Sex

Beim in Westeuropa vorkommenden Blatthornkäfer *Hoplia coerulea* sind die Männchen oberseits leuchtend metallisch blau und unterseits silbern glänzend gefärbt. In der Fortpflanzungszeit sitzen die Männchen an erhöhten Stellen in der Vegetation und warten auf eine Braut. Die im Boden lebenden Weibchen, die nur zu Paarungszwecken an der Oberfläche erscheinen, vermögen den auffallend gefärbten Käfermann gut zu orten, zudem signalisiert die kräftige Farbe der Käferdame etwa folgendes: »Hier bin ich und erwarte dich zum Schäferstündchen.« Sie nutzt die Gelegenheit zu einem Quickie, um danach voller Hoffnung auf Nachwuchs rasch wieder in den schützenden Boden zurückzukehren.

schöne Männer verheißen nun mal guten Sex und eine gesunde Nachkommenschaft.
Die farbenfroheste Zeichnung unter den Säugern besitzt der westafrikanische Mandrillmann: Nasenflügel und -spiegel sind intensiv rot, die Wangen herrlich blau und der Kinnbart gelborange gefärbt. Auch das Hinterteil weist eine rote und blaue Farbgebung auf. Nach Auffassung von Wissenschaftlern sollen diese leuchtenden Farben eine abschreckende Wirkung auf Rivalen erzeugen. Dagegen bevorzugen Gorillas normalerweise ein gedecktes Schwarz; jedoch entwickelt sich bei den älteren Herren ein silbergraues Rückenfell, weshalb sie auch als »Silberrücken« bezeichnet werden.

RIVALENKÄMPFE

Mit heftigen Bewegungen und wild um sich beißend schießen sie aufeinander zu. Es ist ein Kampf bis aufs Blut, abgebissene Flossenteile schweben im Wasser, und schließlich sinkt einer der beiden Kontrahenten noch leicht zuckend nach unten und verendet. Auch der Sieger verlässt die Kampfesstätte in lädiertem Zustand. Siamesische Kampffische, denn darum handelt sich bei den beiden »Kampfhähnen«, schenken sich nichts. Das Schauspiel endet erst mit dem Tod eines der beiden Kontrahenten. Bei den Kampffischen wurde dieses Verhalten – ähnlich wie bei den gefiederten Kampfhähnen – erst durch den Menschen angezüchtet.

Ansonsten harmlose Arten wie der Feldhamster können in der Paarungszeit regelrechte Killerallüren entwickeln.

Rivalenkämpfe – die freilich nur selten wirklich tödlich verlaufen – sind im Tierreich in fast allen Tierklassen weit verbreitet. Der Sinn solcher Kloppereien liegt einerseits darin, gewonnene Nahrungs-, Schlaf- und Brutreviere gegen Konkurrenten zu verteidigen und damit für die eigene Nachkommenschaft einen entsprechenden Lebensraum zu sichern; andererseits geht es darum, einen lästigen Mitbewerber um einen Sexualpartner auszuschalten. Dem Sieger winkt die Gunst der Weibchen. Letztendlich geht es auch darum, das eigene Erbgut, das Erbmaterial eines Siegers, an den Nachwuchs weiterzugeben.
Bei den verschiedenen Tiergruppen können aggressive Auseinandersetzungen völlig unterschiedlich ablaufen. Das Spektrum reicht vom Drohen über den Kommentkampf, der die Kämpfer schont, bis hin zu solchen Kämpfen, die mit Verletzung und mitunter sogar dem Tod des Unterlegenen enden können (Beschädigungskampf, Tötungskampf). Letzterer ist allerdings relativ selten im Tierreich, da Mutter Natur die Verluste bei den verschiedenen Spezies aus Arterhaltungsgründen gering halten möchte. Für eine Tierart kann es demnach nicht ökonomisch sein, wenn bei jedem Rivalenkampf einer der beiden Kämpfer ins Gras beißen muss. Trotzdem werden die Kämpfe beim tropischen Rosenberg-Laubfrosch im wahrsten Sinne des Wortes bis aufs Messer geführt. Denn die Frösche tragen an den Daumen der Vorderextremität einen einziehbaren scharfen Stachel, der wie eine Sense aussieht. Mit diesem versuchen die äußerst aggressiven und unerbittlichen Laubfrösche, Augen und

Trommelfell des Gegners zu zerstechen, um den Kontrahenten dadurch auszuschalten. Es ereignen sich deshalb immer wieder Todesfälle.

Auch bei den Säugetieren kommt es während der Paarungszeit zwischen Männchen etlicher Arten zu aggressiven Auseinandersetzungen. Denn wenn es um die holde Weiblichkeit geht, kennen die Männer kein Pardon.

Seebären, Seeelefanten und Seelöwen besetzen kurz vor der Paarungszeit ein geeignetes Revier an einem ihnen zusagenden Strandabschnitt. Da das Revier der Seebären mit 4–5 m^2 relativ klein ist, muss es gegen aufdringliche Rivalen immer wieder verteidigt werden. Etwa drei Monate nach den Haremschefs in spe treffen die sehnsüchtig erwarteten Weibchen ein. Mit ihnen gehen die potenziellen Liebhaber relativ rüde um. Nachdem die Mädels die glucksenden Lautäußerungen der Revierinhaber erhört haben und sich nähern, werden sie nämlich von den rücksichtslosen Casanovas als »Liebesbeute« mit den Zähnen im Nacken gepackt und in deren Revier geschleift. Auch jetzt müssen die Seebären allerdings noch sehr wachsam sein, damit ihnen kein frecher Konkurrent die frisch gewonnenen Weibchen abspenstig macht.

Spektakulär sehen die »Waffengänge« beim einheimischen Rothirsch aus, wenn die Männchen zur Zeit der Hirschbrunst im Herbst mit gesenktem Geweih aufeinander losgehen. Meist bleiben die Tiere unverletzt, nur selten passiert es, dass ein Tier zu Tode geforkelt wird. Dagegen kann es bei den Rivalenkämpfen der Kuhantilopen schon öfter mal zu schweren Verletzungen kommen. Denn nicht selten wird das unterlegene Tier weiter verfolgt. Voller Aggressivität stößt dabei der Sieger dem bemitleidenswerten Verlierer seine Hörner in den Hals oder in die Körperseiten. Und während die Auseinandersetzungen bei Iltis, Hermelin und Hauskatern relativ glimpflich enden, toben zwischen Leopardenmännern ebenfalls heftige Kämpfe. Selbst der ach so niedliche Feldhamster wird in der Paarungszeit regelrecht zum Killer und fügt seinem Gegner oft ernsthafte, ja tödliche Verletzungen zu. Nach einem tödlich endenden Kampf wird der Unterlegene zudem häufig vom Sieger aufgefressen.

Solche Beschädigungskämpfe finden oft auch bei Flusspferden statt, die sich mit ihren hauerartigen Zähnen klaffende und zuweilen tödliche Wunden beifügen können. In Zoologischen Gärten müssen deshalb zur Paarungszeit die gewaltig unter »Hormondampf« stehenden Flusspferdbullen rechtzeitig getrennt werden. Trotzdem kommt es auch in Zoos immer wieder zu schweren Verletzungen, und manches Mal muss ein solches Tier eingeschläfert werden. Ähnliches wird über Spitzmaulnashörner berichtet. Vor allem in der Paarungszeit, wenn der Liebesdrang die Sinne benebelt, gehen die Bullen mit den bis über 1 m großen Hörnern aufeinander los und verursachen damit derart gefährliche Wunden, dass 50 Pro-

zent der Bullen sterben. Eine ähnlich gefährliche Waffe, den zu einem langen Stoßzahn ausgewachsenen Schneidezahn, setzen die Narwalmännchen bei Rivalenkämpfen ein. Dabei sind Verletzungen nicht ausgeschlossen. Es wurden schon Narwalschädel gefunden, in denen ein Stoßzahn oder Teile davon steckten. Die Weibchen besitzen keine Stoßzähne.

Testosteronanstieg verwandelt Elefanten in Berserker

So fürsorglich Elefanten gegenüber jungen, alten oder kranken Tieren sein können – wenn die Bullen »musth« sind, können sie auch für Menschen gefährlich werden. Schon Darwin äußert sich über die Brunstzeit beim Elefanten sehr aufschlussreich: »Kein Tier in der Welt ist so gefährlich wie ein Elefant im Musth.« Hierbei erhöht sich der Testosteronspiegel um das 60-Fache, und der Penis schwillt an. Die Bullen suchen dann gereizt umherziehend nach einer brünstigen Kuh, um ihren Drang zu befriedigen. Treffen zwei Elefantenbullen in diesem Zustand aufeinander, kann es zu einem ernsthaften, Stunden währenden Kampf kommen, der oft tödlich für einen Kontrahenten endet. Zudem richten die wie Berserker wütenden Dickhäuter auf Feldern erhebliche Schäden an. Häuser werden zu Kleinholz zerlegt, Menschen angegriffen und getötet. Allein in Zimbabwe starben 2005 mindestens 12 Menschen durch Elefanten.

DAMENWAHL ODER: DIE QUAL DER WAHL

Generationen von Forschern haben sich getäuscht: Im Tierreich sind es nicht wie lange vermutet die Männchen, diese Machos, die bestimmend bei der Paarung sind, sondern die Weibchen, denn in der Natur herrscht – zumindest in den meisten Fällen – Damenwahl. Die Damen nämlich, nicht etwa die Herren entscheiden, mit wem sie das Bett teilen. Dabei bevorzugen die Weibchen vordergründig oft besonders große und schöne Männer, die ihre vermeintliche Potenz gerne durch die »Insignien« ihrer Macht wie z. B ein riesiges Geweih, prachtvolles, buntes Gefieder oder gewaltige Stoßzähne zur Schau stellen (siehe S. 39).
Aber fahren die Weibchen tatsächlich nur um der Schönheit willen auf diese vermeintlich nutzlosen männlichen Statussymbole ab? Mitnichten, denn dafür ist Sex wiederum eine viel zu ernste Angelegenheit. Gerade in den letzten Jahren haben Wissenschaftler herausgefunden, dass die Weibchen vieler Tierarten glauben, die prächtigsten Männer wären auch die robustesten und würden somit auch die besten Gene für den Nachwuchs mitbringen. Schönheit und Pracht signalisieren den Weibchen also quasi Erfolg. Ein weiteres wichtiges Kriterium bei der Partnerwahl ist auch die Eignung des Kandidaten als zukünftiger Vater, wird doch oft die Hilfe der Männer bei der Aufzucht der Jungen benötigt. Deshalb wird auch so manches Männchen einem gnadenlosen Fitnesstest unterzogen, denn wenn es um die Zukunft und ihre Kinder geht, versuchen die Weibchen mit Raffinesse und harten Bandagen stets den bestmöglichen Fortpflanzungserfolg zu erreichen.
Während es die Weibchen der meisten Tierarten zu großen, kräftigen Männchen hinzieht, stehen Turmfalkinnen überhaupt nicht auf Muskelprotze. Sie bevorzugen vielmehr den kleinen, drahtigen und wendigen Typ, denn das sind mit Sicherheit die besten Jäger. Und mit einem solchen Partner an der Seite braucht man sich bekanntlich keine Sorgen um den zukünftigen Nachwuchs machen.
Normalerweise bevorzugen weibliche Breitflossenkärpflinge den bestgebauten Liebhaber. Manchmal richten sich die Weibchen dieser Fischart allerdings auch nach dem Urteil anderer Damen. So haben amerikanische Verhaltensforscher in einem interessanten Experiment herausgefunden, dass Breitflossenkärpflingsweibchen ihren aktuellen Favoriten schnöde stehen lassen und sich flugs umorientieren, wenn sie mitbekommen, dass ein neuer Galan von anderen Weibchen heftig umworben wird. Männer, die von den attraktivsten Weibchen umschwärmt wer-

den, sind dabei besonders begehrt. Offensichtlich wird hier nach dem Motto gehandelt: »Der muss schon gut sein, wenn die andern so scharf auf ihn sind.« Bekommen die Damen allerdings mit, dass ein Männchen von einer Artgenossin abgewiesen wird, verliert es auch für sie selbst sofort an Anziehungskraft. Die Wissenschaftler glauben, dass die Kärpflingsdamen aus der Attraktivität der Konkurrenzweibchen Rückschlüsse auf die Qualitäten des Männchens ziehen – ist es doch unwahrscheinlich, dass sich eine Klassefrau mit einem Verlierer abgibt.
Die Damen der im Malawisee in Zentralafrika vorkommenden Fischart *Cyrtocara eucinostomus* bevorzugen wiederum gute Baumeister als Partner. Die Männchen dieser maulbrütenden Fische errichten zu Beginn der Paarungszeit auf dem Grunde des Sees in oft wochenlanger Arbeit riesige Sandburgen, auf denen sie sich stolz der Damenwelt präsentieren. Und die suchen sich dann ganz gezielt – ein Schelm, wer Vergleiche mit menschlichem Verhalten zieht – die Herren mit den größten Sandburgen aus. Später werden auf der Sandburg auch die Eier abgelegt und befruchtet, bevor sie das Weibchen dann zum Ausbrüten an einen anderen Ort bringt.

Lady Hammerkopf ihrerseits fährt auf den größten Schreihals ab. Hammerköpfe sind riesige Flughunde, die in den Wäldern und Sumpfgebieten Zentralafrikas zu Hause sind und sich dort von Früchten aller Art ernähren. Zur Paarungszeit versammeln sich die Flughundmännchen, die übrigens fast doppelt so groß sind wie die Weibchen, abends an speziellen Paarungsplätzen und geben unter Flügelgeflatter stundenlang laute Paarungsrufe von sich, die an den Ruf eines Ochsenfroschs erinnern. Möglich macht dies ein stark vergrößerter Kehlkopf, der mit zwei gewaltigen Luftsäcken verbunden ist. Die Weibchen hören sich die musikalische Darbietung in Ruhe an und wählen dann ganz gezielt die lautesten Schreier zur

Die Damen-Wieger

Bei der Mormonenheuschrecke wählt ausnahmsweise nicht das Weibchen, sondern der Mann, und der bevorzugt ganz klar den molligen Typ. Die in der Agrarwirtschaft gefürchteten rund 5 cm großen flügellosen Mormonenheuschrecken ziehen in den US-Bundesstaaten Nevada, Utah und Idaho regelmäßig in gigantischen Schwärmen von bis zu 16 km Länge und bis zu 3 km Breite durch die Lande und hinterlassen dabei riesige Schneisen völlig kahlgefressener Felder. Oft werden ganze Ernten komplett vernichtet. Mormonenheuschreckenmännchen stehen in dem Ruf, äußerst wählerisch zu sein. Bevor sie sich für eine Partnerin entscheiden, wird diese einem eingehenden Test unterzogen. Der Heuschreckenmann hebt sie nämlich hoch, um ihr Gewicht und damit die Anzahl ihrer Eier richtig einschätzen zu können. Schließlich möchte er seinen kostbaren Samen nicht an Weibchen mit einer unterdurchschnittlichen Eierzahl verschwenden. Wird die Heuschreckendame als zu leicht befunden, wird sie in jeder Hinsicht fallengelassen, und der Damen-Wieger wendet sich sofort der nächsten Kandidatin zu.

Paarung aus. Mehr als 80 Prozent der Männchen werden von den Frauen als stimmschwach eingestuft und kommen überhaupt nicht zum Zuge, die größten Schreihälse dürfen dagegen gleich mehrere Damen beglücken.
Durchaus nachzuvollziehen sind auch die Kriterien, nach denen das Weibchen des amerikanischen Rotrückensalamanders ihren zukünftigen Gatten auswählt – auch wenn die Überprüfung derselben etwas unfein anmutet. Bei diesem Salamander bewerten die Weibchen die Leistungsfähigkeit des Männchens nämlich nach der Zusammensetzung seines Kots. Die Salamandermänner, die in Erdhöhlen leben, setzen zu Beginn der Brutzeit vor ihrem Höhleneingang ein Kothäufchen ab, das somit von Weibchen auf der Suche nach einem Bräutigam jederzeit inspiziert werden kann. Bevorzugte Beute des Rotrückensalamanders sind wegen ihrer leicht verdaulichen Schale und ihres hohen Proteingehalts Termiten. Hartschalige Insekten wie z. B. Ameisen werden dagegen nur dann gefressen, wenn keine hochwertigere Kost erbeutet werden konnte. Stößt das in den Exkrementen schnüffelnde Weibchen im Kot also auf viele harte Schalen, weiß es, dass der Bewohner der Höhle kein sonderlich guter Jäger ist und folglich weder als Liebhaber noch gar als zukünftiger Vater in Frage kommt.

Ein ganz eigentümliches Verhalten legen die Männchen des in den Felslandschaften Spaniens und Nordafrikas beheimateten Trauersteinschmätzers an den Tag. Nach der Balz liefert das Männchen dieses nur etwa 40 g schweren Singvogels bei seiner Partnerin ein Steinchen nach dem anderen ab und schichtet diese auf dem Nistplatz sorgfältig aufeinander. Nach einer Woche des Sammelns wiegt der aus vielen Hundert Steinchen bestehende Steinhaufen dann bereits 2 kg; zu Beginn der Brutzeit wurden schon regelrechte Steinberge entdeckt, die 10 kg oder schwerer waren. Aber warum plagen die Männchen sich so unermüdlich ab, wo die Weibchen die Steinchen weder für den Nestbau benötigen noch sonst irgendetwas mit ihnen anfangen können. Die Hoffnung auf Sex als Belohnung für die gewaltige körperliche Leistung scheidet übrigens aus, denn die Sammelaktion findet erst nach Balz und Paarung statt. Untersuchungen zeigten auch, dass, je größer der angesammelte Steinhaufen war, desto größer später auch das Gelege ausfiel. Dank dieser Information haben spanische Ornithologen letztendlich das Rätsel der offensichtlich sinnlosen Plackerei gelöst: Die Weibchen unterziehen den Herrn Gemahl einem gnadenlosen Fitnesstest. Denn nur ein Männchen, das schon vor der Eiablage gute Sammlerqualitäten zeigt, wird später auch die Jungen gut versorgen, und so riskiert man eben nur bei besonders fleißigen Männchen ein großes Gelege.

ES KOMMT NICHT AUF DIE GRÖSSE AN

Die Launen der Natur treiben zuweilen spektakuläre Blüten, und nichts kann manchmal bizarrer sein als die Unterschiede in Größe, Färbung und Gestalt von Männlein und Weiblein einzelner Tierarten. Da wird so manches Weibchen von der Größe her zur »Big Mama« und die Herren der Schöpfung kommen im Gegenzug als wahre Mickermänner daher. Bei anderen Tierarten ist es umgekehrt. Diese mit dem Begriff »Geschlechtsdimorphismus« belegten Entwicklungen sind im Tierreich weit verbreitet.

Bei der wegen ihres Giftbisses berüchtigten Schwarzen Witwe sind die Spinnenmännchen mit 3–4 mm Länge erheblich kleiner und schlanker gebaut als die Weibchen (10 mm). Und insbesondere bei der Radnetzspinnenart *Glyptocranium cornigerum* wirken die Männchen mit 1,74 mm Länge neben ihrer imposanten Angebeteten (11 mm) geradezu kümmerlich. Sex mit Spinnendamen ist übrigens sehr oft eine lebensgefährliche Angelegenheit, da diese fast alle Kannibalinnen sind und ihre Lover schon während des Liebesspiels aufzufressen beginnen. Wissenschaftler sehen im Zwergenwuchs der Liebhaber eine Anpassung an diese unglaublichen Verhältnisse: Wer klein ist, gilt als halbe Portion, die nicht satt macht; zudem kann man sich als Winzling selbst in kleinste Verstecke verdrücken.

Bei einigen Blatthornkäferarten liegen die Größenverhältnisse anders. Die Männchen des südamerikanischen Herkuleskäfers etwa erreichen erstaunliche 16 cm, die Weibchen maximal 8 cm. Bei unserem einheimischen Hirschkäfer ist das Männchen mit bis zu 7,5 cm nicht nur größer als das Weibchen, sondern trägt auch noch die wesentlich größeren, hirschgeweihartig ausgebildeten Mandibeln. Letztere dienen als Waffe bei Rivalenkämpfen. Da sich die Kämpfer oftmals Mut antrinken, indem sie vergorenen Eichensaft verkosten, laufen die Auseinandersetzungen zuweilen im berauschten Zustand ab. Je nach Promillelage sehen die Kämpfe dann für den Zuschauer mehr oder weniger belustigend und tolpatschig aus. Für die Kontrahenten ist der Ringkampf jedoch bitterer Ernst.

Ein anderer Lebensraum, die Tiefsee, ruft andere Anpassungen hervor. Die in den lichtlosen Tiefen der Ozeane vorkommenden Anglerfische müssen zunächst zueinanderfinden, um sich paaren zu können. Trifft das zwergenhafte Männchen (2 cm) auf eine Partnerin (40 cm), so entwickelt sich hieraus in der Regel eine

Anglerfischmänner verwachsen nach dem ersten Stelldichein mit ihrer Angebeteten auf Lebenszeit.

Am Ziel aller Träume

Bei dem im Nordatlantik und Mittelmeer vorkommenden grünen Igelwurm werden die Weibchen mit entfaltetem Rüssel 150–200 cm, die miniformatigen Männchen nur 1–3 mm lang! Dies ist der extremste Größenunterschied im Tierreich. Erstaunlich ist auch die umweltbedingte Festlegung des Geschlechts: Frisch geschlüpfte Larven entwickeln sich zu einem Weibchen, wenn sie auf den Meeresgrund fallen. Die Larven, die auf ein weibliches Tier treffen, wachsen unter dem Pheromoneinfluss des Weibchens zu einem Männchen heran. Das Beste kommt jedoch zum Schluss: Die Minimänner wandern in den Eileiter des weiblichen Tieres ein und verbleiben dort – am Ziel aller Träume – ihr gesamtes Leben, nur noch dazu da, die vom Weibchen abgegebenen Eier zu befruchten.

Liaison fürs Leben. Denn einmal angedockt bzw. festgebissen, lassen die kleinen Männer nicht mehr los. Der Kiefer und die Organe werden zurückgebildet, zudem verwächst die Haut beider Tiere miteinander. Atmen darf der Mann noch eigenständig, ernährt wird er aber ausschließlich über den Blutkreislauf des Weibchens. So lebt er festgewachsen, mit Hoden, die fast die ganze Leibeshöhle ausfüllen, nur noch als Samenspender an der Seite des Weibchens, bis der Tod beide scheidet.

Auch in der Vogelwelt weichen die Herren der Schöpfung äußerlich oft von den Weibchen ab, in puncto Körpergröße und -form ebenso wie hinsichtlich Färbung. Bekannte Beispiele sind Truthahn, Auerhahn und Großtrappe; hier präsentieren sich jeweils die Männchen mit mächtigerer Gestalt und

prächtiger gefärbt. Dagegen sind bei den Greifvögeln die weiblichen Tiere oft größer und stärker. Diese unterschiedlichen Größenverhältnisse sind als Anpassungen an die jeweilige soziale und ökologische Situation von einzelnen Arten und Individuen zu werten.
Und last, but not least weisen auch Säugetiere geschlechtspezifische Eigenheiten auf: Gorillamännchen wachsen zu größeren und schwereren Exemplaren als die weiblichen Tiere heran. Die Herren der Schöpfung können bis zu 275 kg auf die Waage bringen, wogegen die Gorillafrauen nur 70–90 kg erreichen. Löwenmännchen besitzen in der Regel eine Mähne, die männlichen Hirsche ein Geweih, Walrösser Zähne und die Indischen Elefantenmänner Stoßzähne. Beim Afrikanischen Elefanten tragen beide Geschlechter 2–3 m lange Stoßzähne aus dem heißbegehrten Elfenbein. Von Mutter Natur werden die verschiedenen Arten derart ausgestattet, um in Rivalenkämpfen bestehen oder bei den Damen Eindruck schinden zu können.

DAS BESTE STÜCK

Die ewige Frage, ob es beim Mann auf die Penisgröße ankommt, beantworten zumindest Texas-Kärpflingsdamen mit einem klaren »Ja«. So haben Wissenschaftler der Universität von Washington herausgefunden, dass die Weibchen dieser in den USA heimischen Fischart offensichtlich nichts auf innere Werte geben, sondern wesentlich mehr Zeit mit wohlbestückten Fischherren verbringen und sich mit ihnen auch deutlich häufiger paaren als mit Männchen, die einen kleineren Penis ihr eigen nennen. Der riesige Gorilla hat dagegen mit gerade mal 3 cm ein vergleichsweise bescheidenes bestes Stück, und doch scheint das auszureichen, um die Gorilladamen zufriedenzustellen. Es muss ja nicht gleich jeder ein Sexprotz wie der Tapir zu sein, dessen Glied im erigierten Zustand sogar über die Vorderbeine herausragt.

Die Nasenaffen Borneos stellen gerne ihren knallroten erigierten Penis zur Schau. Der malaiische Name der Tiere mit den auffällig langen Nasen lautet übrigens Orang Belanda = Holländer. Auf welche Eigenschaft der ehemaligen Kolonialherren die einheimische Bevölkerung damit anspielen wollte, ist aber nicht überliefert.

Aber ein allzu großer Penis kann auch ein Nachteil sein. Das müssen Exemplare der kalifornischen Nacktschnecke *Ariolimax dolichophallus* immer wieder aufs Neue erfahren. Die rund 15 cm große Schnecke ist zwar mit einen gewaltigen Penis ausgestattet, der locker das doppelte ihrer Körpergröße erreicht, aber beim Sex ist das gigantische Stück eher hinderlich, denn das übergroße Teil kann nach der Paarung zwischen den zwittrigen Tieren oft nicht mehr aus dem weiblichen Genitaltrakt befreit werden und wird daher vom Partner einfach abgebissen. Die Schnecke mit dem amputierten Penis muss sich dann zukünftig mit einer rein weiblichen Rolle zufriedengeben.

Und dann gibt es auch noch Tiere, die ihren Penis als Riechorgan einsetzen. Schweinswale können mit ihrer zum Blasloch umgewandelten Nase nicht sonderlich gut riechen, da sie dieses ja bekanntermaßen unter Wasser geschlossen halten müssen. Zumindest nach der Damenwelt schnüffelt der männliche Schweinswal daher mit seinem Penis. Möglich machen dies winzige Chemorezeptoren an der Spitze des Fortpflanzungsorgans, mit deren Hilfe der Penis den Ort der Begierde ausfindig machen kann.

Das Penis-Restaurant

Im November 2005 öffnete in China das weltweit erste Penis-Restaurant seine Pforten. Im Nobelrestaurant »Guo-li-ziang« in Peking kann der Gast sich Spezialitäten wie Yak-, Esel- oder Ziegenpenis munden lassen. Anfängern, die noch keinen für diese Art von Delikatesse geschulten Gaumen besitzen, empfiehlt die Restaurantchefin gerne zum Einstieg den Eintopf aus verschiedenen Arten von Penissen zusammen mit vier Sorten Hoden in Hühnerbrühe gegart. Ein Penis-Essen ist übrigens nicht gerade preiswert. So muss man etwa für den schmackhaft zubereiteten Penis einer kanadischen Robbe rund 500 US-Dollar auf den Tisch des Hauses legen.

Große Hoden – kleines Hirn

Was Frauen angeblich schon immer gewusst haben, haben US-Wissenschaftler jetzt bewiesen: Männer haben entweder ein großes Hirn oder große Hoden. Beides zusammen geht nicht. Zumindest bei Fledermausmännern ist das so. Die Forscher glauben, dass diese Tatsache damit zusammenhängt, dass sowohl das Hirn als auch die Hoden vom Stoffumsatz her aufwendig zu unterhaltende Gewebe sind, die viel Energie benötigen. Und da muss man sich als Fledermausmann eben zwischen Intelligenz und Sex entscheiden.

Wo Penis draufsteht, ist übrigens noch lange nicht Penis drin. So glaubte man lange Zeit, weibliche Typfelhyänen hätten neben einer Vagina auch noch einen Penis ausgebildet. Heute weiß man, dass es sich bei dem vermeintlichen »Penis« um eine enorm vergrößerte Klitoris handelt. Zudem haben die Weibchen auch noch paarige Schwellungen, die auf den ersten Blick den Hoden der Männchen ähneln. Einige Wissenschaftler vermuten, dass Hyänen den »Scheinpenis« ausgebildet haben, um groß und stark zu wirken und so ihre Jungen vor den oft kannibalisch veranlagten Männern zu schützen.

TREUE BIS IN DEN TOD

Legendär und ein Symbol für die Treue im Tierreich ist die Paarbindung bei Höckerschwänen. In der Tat halten sich diese Tiere ein Leben lang die Treue. Jedoch gibt es beim Höckerschwan auch echte Trennungen, wobei jeder der beiden Partner seiner Wege geht.
Obwohl man ja bei »Tierehen« keine menschlichen Maßstäbe anlegen sollte, wird bei Ihnen grundsätzlich zwischen Monogamie und Polygamie unterschieden. Unter Monogamie versteht man die Reproduktion der Nachkommenschaft mit nur einem Geschlechtspartner. Jedoch ist diese Art des Zusammenlebens im Tierreich eher selten. Zu denen, die den »Treuetest« bestehen, zählen verschiedene Vogelspezies (neben dem Höckerschwan u. a. einige Adlerarten). Vertreter der Nagetiere, Hundeartige und auch Krokodile sind offenbar ebenfalls monogam.

»Verheiratete« Vogeldamen gehen gern auch mit fremden Liebhabern ins Nest.

Gerade bei den Hundeartigen ist die Monogamie weit verbreitet. So findet man monogames Verhalten u.a. bei Rotfuchs, Graufuchs und Polarfuchs, manchmal auch beim amerikanischen Kojoten und beim Wolf. In der Regel paart sich beim wilden Urahn unseres Haushundes das ranghöchste (Alpha-)Weibchen ausschließlich mit dem ranghöchsten (Alpha-)Männchen. Wohlgemerkt in der Regel.
Auch eine Anzahl von Nagern wie Biber, Nutria, Chinchilla oder Präriewühlmaus haben, einmal gebunden, keine Augen mehr für andere. Gegenüber aufdringlichen fremden Mädels reagieren männliche Präriewühlmäuse sogar äußerst aggressiv und abweisend.
Bei den Vögeln haben neue wissenschaftliche Erkenntnisse zu einem überraschenden Ergebnis geführt. Man war bisher davon ausgegangen, dass rund 90 Prozent aller Vogelarten monogam seien. Das muss freilich nicht immer eine lebenslange Bindung sein, darunter versteht man auch die Paarbindung nur während einer Brutsaison, die so genannte serielle Monogamie. Dennoch belegen die Untersuchungsergebnisse, dass 10–30 Prozent der überprüften Vogelküken nicht von ihrem aktuellen Ernährer, der sie unermüdlich mit Futter versorgt, abstammen. Also muss seine Herzensdame zwischendurch auch mal mit einem anderen Vogelmännchen »ins Nest gegangen« sein.

Austernfischerpartner sind nach einer jüngeren Studie bei einer Scheidungsrate von 8 Prozent insgesamt relativ bindungstreu. Allerdings weiß man inzwischen auch, dass sich scheidungswillige Austernfischer in der Regel sozial verbessern, nicht allerdings der zurückbleibende Partner. Bei letzterem nimmt der soziale Status in der Austernfischer-

gesellschaft sogar deutlich ab. Meist sind es die Weibchen, die ihren Partner verlassen. Als Scheidungsgewinn können die Vogelfrauen oft einen besseren Nistplatz und bis zu 20 Prozent mehr Nachkommen verbuchen. So war die Auszugsrate der Vogeldamen aus der gemeinsamen Wohnung dort besonders hoch, wo die Nistplatzqualität zu wünschen übrig ließ. Die Trennung der Vogelpartner dient wahrscheinlich dazu, die Reproduktionsrate zu erhöhen und letztendlich den Arterhalt zu sichern.
Dieses Beispiel leitet schon zum Thema Polygamie über. Bei der Polygamie paart sich ein Individuum mit mehreren Partnern des anderen Geschlechts. Aber es kommt bei den verschiedenen Klassen im Tierreich niemals nur ein Paarungstyp vor. Beispielsweise findet man bei den Fischen alle Paarungstypen, vom »gruppensexartigen« Ablaichen im Schwarm (Heringe, verschiedene Karpfenfische) bis hin zur lebenslangen monogamen Bindung (Buntbarsche).
Ein Großteil der Säuger frönt dem Partnertausch. Von den mehrere Tausend Säugetierarten verhalten sich nur etwa 1–2 Prozent monogam. Beispielsweise gönnen sich Großkatzen wie z.B. der Löwe schon mal einen Quickie mit der einen

Lebensverkürzende Untreue

Während bei vielen Tierarten Sex mit mehreren Partnern anscheinend vitalisierend ist, belegen neuere Forschungsergebnisse bei Hummelköniginnen das Gegenteil. Die Hummeldamen, die sich mit mehreren Drohnen einließen, wiesen eine deutlich geringere Lebenserwartung auf als solche, die von nur einem Liebhaber begattet wurden. Sollte die Beobachtung, dass sich die meisten Hummelköniginnen selbst bei vorhandenem vielfältigem Liebhaberangebot monogam verhalten, damit in Zusammenhang stehen?
Wie Wissenschaftler der Universität Kopenhagen und der Technischen Hochschule Zürich herausfanden, scheint der Grund in den gesundheitsabträglichen Nebenwirkungen der von mehreren Männchen stammenden Samenmischungen zu liegen. Hummeldamen, die eine Mischung von Sperma mehrerer Männchen erhielten, waren in jeder Hinsicht weniger fit als solche, denen man Sperma von nur einem Mann verabreichte. Die mehrfach »begatteten« Hummelköniginnen waren weniger vital, hatten weniger Nachkommen und eine geringere Lebenserwartung – sofern sie den im Experiment künstlich erzeugten Winterschlaf überhaupt überstanden.

Süchtig aufeinander, aber manchmal einsam bis zum Tod

Während Wiesenwühlmäuse als Herzensbrecher bekannt sind, stellen Präriewühlmäuse das krasse Gegenteil dar. Haben sich die Männchen einmal auf eine Partnerin festgelegt, dann sind sie dieser treu über deren Tod hinaus. Denn selbst verwitwete Mäuse bleiben dann einsam bis zum Lebensende. Woran dieses Verhalten liegt, haben Wissenschaftler vor wenigen Jahren herausgefunden. Es sind die Hormone Vasopressin und Dopamin, die bei den Präriewühlmäusen ein entsprechendes Verhalten auslösen und eine ausschließliche Bindung an die erste große Liebe verursachen.

oder anderen Löwendame seines Harems zur Abwechslung. Und auch unsere nächsten Verwandten im Tierreich, die Primaten (Bonobos, Schimpansen, Gorillas und Orang-Utans), frönen dem Sexvergnügen mit mehreren Partnern. Dabei hat beispielsweise der Clanchef bei den Gorillas jedoch immer ein wachsames Auge auf die jüngeren Männchen, und wehe, er ertappt einen solchen jugendlichen Lover mit einer willigen Dame aus seinem Harem in flagranti; zumindest eine kräftige Tracht Prügel ist dem jungen Heißsporn sicher. Interessanterweise ist es unsere evolutionär entferntere Verwandtschaft (Gibbons, Tamarine und Makis), die eher monogame Beziehungen pflegt.

Nach Auffassung von Wissenschaftlern hängt die Verschiedenartigkeit des Paarungstyps bei den Wirbeltieren von mehreren Faktoren, wie der Populationsdichte, dem Angebot von Paarungs- und Brutplätzen sowie der Brutpflegeart, ab.

SEXAKROBATEN, TOLLE TÄNZER UND AUSDAUERNDE REITER

Wirft man einen Blick in das altindische Kamasutra oder in die altchinesischen Sammlungen der taoistischen Liebespraktiken, zwei bedeutende Lehrbücher über Sex, kann man manchmal den Eindruck gewinnen, dass die alten Meister das eine oder andere im Tierreich abgekupfert haben. Denn hier wie da gibt es Interessantes, Lehrreiches und Außergewöhnliches in puncto »Liebespraktiken« sowie über das »Drumherum« zu erfahren.

So präsentieren sich Bachflohkrebse als ausdauernde Lover, die sich schon wochenlang auf den Bachflohkrebsmädels einreiten, bevor es mit dem Sex so richtig losgeht. Denn bei dem wilden Ritt handelt es sich nicht etwa um einen sexuellen Parforceritt – nein, die schlauen Kerle sichern sich nur rechtzeitig eine noch unreife Krebsdame für ein späteres Schäferstündchen, ganz nach dem Motto: »Wer zu spät kommt, den bestraft das Leben.« Auch die faulen Liebhaber der Riesenfrauen des Kugelspringers, einer Springschwanzart, lassen sich von der Gnädigen erst einmal eine Zeit lang herumtragen, bevor sie aktiv werden.

Dagegen zeigen Libellen mit ihrem Paarungsrad beim Liebemachen eine wahrhaft akrobatische Leistung. Auf die Spitze treiben es die Libellenarten, die trotz Paarungsrad sogar noch in der Lage sind zu fliegen. Zwar keine Paarungsräder, aber immerhin Liebestandems nach der »Back-to-back-Methode« bringen viele Insekten wie beispielsweise Kohlschnaken, Spanische Fliege (Ölkäfer) und Wanzen zustande. Sie hängen dann mit den Hinterenden zusammen und schaffen es sogar, im Flug zu kopulieren.

Auf einem Gespinstballon sitzend und wie der olle Münchhausen auf der Kanonenkugel daherfliegend, begibt sich das Männchen der Tanzfliege *Empis aerobatica* auf Brautschau. Hat es schließlich eine Partnerin gefunden, nimmt diese voller Neugier auf das Hochzeitsgeschenk

Komm in meine Liebeslaube

Ein hervorragender Tänzer und zudem »Innenarchitekt« ist der auf Neuguinea lebende Laubenvogel. Mit einem Tänzchen lockt er seine Herzensdame zu seiner »Laube« am Boden, die aus aufgerichteten Halmen oder Zweigen besteht, die teilweise miteinander verflochten sind. Zudem wird die »Liebeslaube« mit bunten Beeren, Blüten, Schneckengehäusen, Federn, Steinchen sowie anderen farbigen Gegenständen (u.a. auch Zivilisationsmüll wie Kronkorken, Plastikteilen und buntem Papier) geschmückt. Meist sind die potenziellen Bräute so von der »Inneneinrichtung« begeistert, dass sie gleich zum Liebemachen dableiben. Die »Laube« ist allerdings nur zum Balzen da, denn die eigentlichen Nester, in die Eier gelegt werden, finden sich gut versteckt in Bäumen.

auf seinem Rücken Platz, und das Liebesspiel beginnt. Während nämlich das Weibchen das eingesponnene Geschenk, ein Beuteinsekt, auspackt, kommt der heißspornige Lover gleich zur Sache.
Eintagsfliegenmänner versuchen ihre Herzensdamen mit einem Tanz im Schwarm zu becircen. Dabei bewegen sich Tausende von Tänzern in der Luft auf und ab. Manchmal sind die Tänzer so zahlreich, dass der Eindruck einer Rauchfahne entsteht. Vor allem im ländlichen Bereich wurde schon der eine oder andere Feueralarm ausgelöst, weil man dachte, es handle sich um die reale Rauchsäule eines Brandherdes. Angelockt durch die tänzerischen Darbietungen, fliegen die Mädels blindlings in den Männerschwarm hinein und werden von einem Freier am Hinterende gepackt und gleich noch im Flug vernascht. Bei den Eintagsfliegen hat diese Hektik beim Liebemachen durchaus einen Grund: Es muss deshalb so ruck, zuck gehen, weil die Tiere nach einem 1–4-jährigen Larvendasein im Wasser und nach

dem Schlüpfen nur noch wenige Stunden oder höchstens Tage zu leben haben; frei nach dem Motto: »Jede Sekunde zählt.«

Ein guter Tänzer ist auch der Dreistachlige Stichling, der sich mit seinem von der Wissenschaft akribisch erforschten Zickzacktanz in die Herzen der Stichlingsdamen tanzt. Das hochinteressante Paarungsritual, das noch aus weiteren Komponenten besteht, soll die Angebetete dazu verlocken, in das vom Liebhaber gebaute Pflanzennest zu schwimmen, um dort die Eier abzugeben. Gerade noch Kavalier, wird der Stichlingsmann dann aber schon bald zum rüden Gesellen, der die Stichlingsfrau vertreibt – aufmerksam die Weiterentwicklung der Eier beobachtet, das Nest bei Bedarf ausbessert und ungebetene Gäste verjagt. Der Vorgang kann mit mehreren Stichlingsdamen wiederholt werden, bis das Nest proppenvoll mit Eiern ist. Wenn schon, denn schon, würden wir Menschen sagen.

Einen schönen »Wassertanz« mit Taucheinlagen vollführen die Haubentaucher. Sie schütteln den Kopf mit abgespreiztem Federkragen, richten sich Brust an Brust auf dem Wasser auf oder tauchen zum Gewässergrund und holen Wasserpflanzen, um sie dem Partner quasi als Nistmaterial zu präsentieren. Und das ist nur ein kleiner Teil ihres beeindruckenden Repertoires. Dabei werden alle Aktivitäten mit wunderbar choreographierten Bewegungen vollzogen, als ginge es um eine olympische Disziplin oder um Wasserballett.

Nun gibt es unter den Vögeln aber nicht nur tolle Tänzer, sondern auch legendäre Luftakrobaten. Ein absoluter Spitzenkönner ist der Mauersegler, der nur zum Brüten für eine relativ kurze Zeit zu uns kommt, um sich danach wieder in den warmen Süden zu verabschieden. Die Vögel, die nur selten am Boden beobachtet werden können, erledigen sensationellerweise alles Lebenswichtige im Flug, nämlich Fressen, Schlafen – und Liebemachen. Lediglich zum Brüten müssen sie den Luftraum verlassen. Aber auch für diese Tätigkeit suchen sich die Felsnischenbrüter weit oben in Felsspalten und Felsvorsprüngen sowie im menschlichen Siedlungsraum an hohen Gebäuden einen entsprechenden Nistplatz.

Eine akrobatische Leistung vollbringen auch die dämmerungs- und nachtaktiven Fledermäuse, die bekanntlich während des Tages kopfüber an den Beinen aufgehängt an ihren Schlafplätzen, u.a. in Felsspalten, Fels- und Baumhöhlen sowie aufgelassenen Bergwerksstollen, ruhen. Während der Paarungszeit im Spätsommer und Herbst schwellen bei den Fledertieren die Geschlechtsorgane erheblich an.

Der Mauersegler ist ein Multitalent, das alles – bis auf das Brüten – im Flug erledigt.

Liebestolle Erdkröten haben alles fest im Griff

Kaum melden sich die ersten wärmenden Sonnenstrahlen im Jahr, sind die Erdkröten nicht mehr zu halten. In großen Scharen zieht es die Krötenfrauen jetzt in die Laichgewässer, um für Nachkommenschaft zu sorgen. Darauf haben die Erdkrötenmänner nur gewartet. Fast an jeder Ecke lauert jetzt ein solcher liebestoller Kerl auf die vorbeiziehende Damenwelt. Hat er eine Krötendame eräugt, stürzt er sich sofort auf sie, steigt auf ihren Rücken und umklammert sie mit festem Griff mit seinen Armen hinter ihren Achseln. Auf geht's dann im Huckepack-Verfahren zum nächsten Laichgewässer, wo der erhoffte Sex folgt. Da es bei den Erdkröten oft einen Liebhaberüberschuss gibt, hängen manchmal drei oder mehr Männchen an einem Weibchen. Um jede Dame wird gekämpft. »Drücken, treten und ja nicht loslassen«, heißt das Motto. Ein Teil der armen Wichte geht jedoch leer aus. Im blind machenden Sexrausch nehmen sie dann auch schon mal einen Karpfen oder eine Schleie, ein Stück Holz oder sogar eine Plastikflasche als vermeintlichen Sexualpartner in den Klammergriff. Pech gehabt, kann man da nur sagen!

In dieser Zeit geben sie sich – wie üblich verkehrt herum aufgehängt – auch der schönsten Sache der Welt hin. Als hätte ihnen diese akrobatische Leistung alles abverlangt, fallen sie dann erst einmal in einen 5-monatigen Winterschlaf. Während Erdkrötenmänner ihre Geliebte in den Klammergriff nehmen, wenden Seenadeln und Schlangennadeln hier eine andere Methode an. Beim komplizierten Paarungsverhalten dieser Tiere umschlingen sich die Sexualpartner S-förmig, wobei das »gewitzte« Weibchen auch gleich die Eier an das Männchen – zwecks weiterer Pflege – übergibt.

Wahrhaft akrobatische Leistungen beim Liebesspiel findet man bei den südamerikanischen Spritzsalmlern. Denn diese Fische vollführen zur Eiablage wahrhafte Luft- und Lustsprünge. Zuerst sucht sich das Liebespaar eine geeignete Stelle für das bevorstehende Schäferstündchen. Geeignet sind hierzu – man glaubt es kaum – über die Wasseroberfläche hinausragende Blätter von Wasserpflanzen oder auch Blätter der gewässernahen Vegetation, die wenige Zentimeter über dem Wasser hängen. Mit ein paar Probesprüngen prüfen sie zunächst, ob das »Liebesnest« ihren Ansprüchen genügt. Findet der Platz Zustimmung, springt das Liebespaar wie die Mädels beim Wasserballett synchron und eng aneinandergeschmiegt aus dem Wasser an die Unterseite des Blattes, wo sie sich mit Flossen und Unterkiefer für einige Sekunden festheften. Dabei gibt die Fischdame ein paar Eier ab, die sofort vom Herrn der Schöpfung besamt werden. Danach lassen sich die Liebenden wieder ins Wasser zurückfallen. Um die Akrobatik auf die Spitze zu treiben, wird die Darbietung noch einige Male wiederholt, bis alle Eier abgelegt und besamt sind. Die am luftigen Ort abgegebenen 100–200 Eier müssen nun natürlich versorgt, sprich feucht gehalten werden, damit sich nach dem Liebesspiel auch die gewünschte Nachkommenschaft einstellt. Diese Aufgabe bleibt dem Spritzsalmlermann vorbehalten, der die Pflege der Eier übernimmt. Mit der Schwanzflosse spritzt das treu sorgende Männchen nun fortwährend Wasser auf das Gelege, um ein Austrocknen der Eier zu verhindern. Nach 24–36 Stunden schlüpfen die Fischlarven und fallen ins Wasser.

SEX MIT EINER KANNIBALIN

Die Männchen der Gottesanbeterin lieben offensichtlich die Gefahr – oder aber sie können den Reizen ihrer Auserwählten einfach nicht widerstehen, denn sie gehen das tödliche Risiko ein, mit einer Kannibalin Sex zu haben. So oder so ähnlich kennen wir alle die Geschichte von der schrecklichen Gottesanbeterin, die nicht nur in die Mythologie und Folklore so mancher Völker Einzug gehalten hat, sondern auch heute noch in so manchem Biologiebuch und Nachschlagewerk zu finden ist. Neuere Erkenntnisse der Wissenschaft haben jedoch das Bild von der männermordenden Insektendame, die ihre Liebhaber stets mit tödlicher Sicherheit noch während der Paarung verspeist, in ein etwas anderes Licht gerückt. Gottesanbeterinnen sind besser als ihr Ruf. So tritt, was Wissenschaftler als »sexuel-

len Kannibalismus« bezeichnen, nur bei relativ wenigen der rund 1500 weltweit bekannten Gottesanbeterinnenarten auf, und auch die meisten Beobachtungen, in denen der Liebhaber schon während des Beischlafs verzehrt wurde, wurden bei in Gefangenschaft gehaltenen Tieren gemacht. Der tödliche Sex in Gefangenschaft ist wahrscheinlich auf schlechte Ernährung und zu große räumliche Nähe zurückzuführen. In der freien Natur überstehen dagegen selbst bei einer berüchtigten Art wie der Europäischen Gottesanbeterin *(Mantis religiosa)*, die eigentlich für den schlechten Ruf aller Gottesanbeterinnen verantwortlich ist, rund 80 Prozent der Männchen den Sex mit ihrer kannibalisch veranlagten Gattin unbeschadet. Aber wenn die Dame einen leeren Magen hat, sieht die Sache schon anders aus. So konnte sowohl im Labor als auch im Freiland beobachtet werden, dass gerade hungrige Gottesanbeterinnen jedes Männchen fressen, dessen sie – egal, ob Sex stattfand oder nicht – habhaft werden, während wohlgesättigte Damen meist von einem Verzehr des Gatten Abstand nehmen.
Der Sex verläuft bei Gottesanbeterinnen nach einem strengen Muster. Zunächst zeigt das Weibchen dem Männchen mit Hilfe von Sexuallockstoffen, dass es einem Schäferstündchen nicht abgeneigt ist. Die deutlich kleineren Männchen gehen jedoch gern auf Nummer sicher und nähern sich dem Weibchen, um nicht gleich als Beute verspeist zu werden, sehr, sehr vorsichtig von hinten und springen ihm auf den Rücken. Dort klammern sie sich mit ihren Beinen im Brustbereich des Weibchens fest. Die Paarung selbst kann mehrere Stunden dauern. Im Freiland gelingt es den Männchen meist, nach der Paarung die Flucht zu ergreifen. Manchmal ist jedoch zu beobachten, dass dem Männchen noch während des Sexes der Kopf abgebissen wird. Die Paarung wird aber erstaunlicherweise von den kopflosen Männchen weiter vollzogen, da sich die Nervenzentren, die die Kopulationsbewegungen steuern, ausnahmslos im

Die Bluthochzeit

Männchen der Grillenart *Cyphoderris strepitans* müssen sich Sex mit ihrem eigenen Blut erkaufen. Sie gestatten nämlich der Dame ihres Herzens, während der Kopulation ihre Flügel anzuknabbern und ihr Blut zu trinken. Mit diesem Brautgeschenk der besonderen Art erwerben sie sich die Geduld der Weibchen, die, solange sie Blut schlürfen dürfen, bei der Kopulation stillhalten. Die verstümmelten Männchen bleiben allerdings für das Leben gezeichnet und sind durch den Blutverlust so geschwächt, dass sie im Vergleich zu bisher noch nicht sexuell aktiven Geschlechtgenossen in puncto neuerlichem Sex deutlich im Nachteil sind.

Hinterleib befinden. So kann man in Gottesanbeterinnen-Kreisen eben auch ohne Kopf Vater werden. Dass die Weibchen vom Verzehr ihres Liebhabers profitieren, ist klar. Sie erhalten zu einem wirklich günstigen Zeitpunkt einen hochwertigen Nährstoffcocktail, der es ihnen ermöglicht, mehr Eier zu legen als eine Artgenossin, die freundlicherweise auf ein »Dinner for one« verzichtet hat.
Die bekannteste »Sex-Kannibalin« ist die Schwarze Witwe, deren Namen bereits zu einem Synonym für den Gattenmord geworden ist. Besonders Weibchen der so genannten Australischen Schwarzen Witwe *(Latrodectus hasselti)*, die »down under« wegen ihrer auffälligen knallroten Zeichnung meist etwas profan »Rotrücken-Spinne« genannt wird, sind dafür bekannt, dass sie schon während der Paarung damit beginnen, sich ihren Liebhaber munden zu lassen. Bei dieser Spinnenart geht Liebe oder besser gesagt Sex offensichtlich wirklich durch den Magen. Denn das deutlich kleinere Männchen bietet dem Weibchen seinen Hinterleib regelrecht zum Verzehr an und schreckt dabei auch vor komplizierten Verrenkungen nicht zurück. Aus einer Art Kopfstand heraus platziert es seinen Hinterleib via Handstandüberschlag direkt vor den Mundwerkzeugen seiner Sexualpartnerin. Bequemer kann dem Weibchen eine Mahlzeit nun wirklich nicht mehr serviert werden. Das Weibchen öffnet dann den Hinterleib des Männchens mit seinen Mundwerkzeugen, injiziert

In China schwören traditionell orientierte Ärzte auf den Verzehr von gerösteten Eiern der Gottesanbeterin, um Bettnässer von ihrem Leiden zu kurieren.

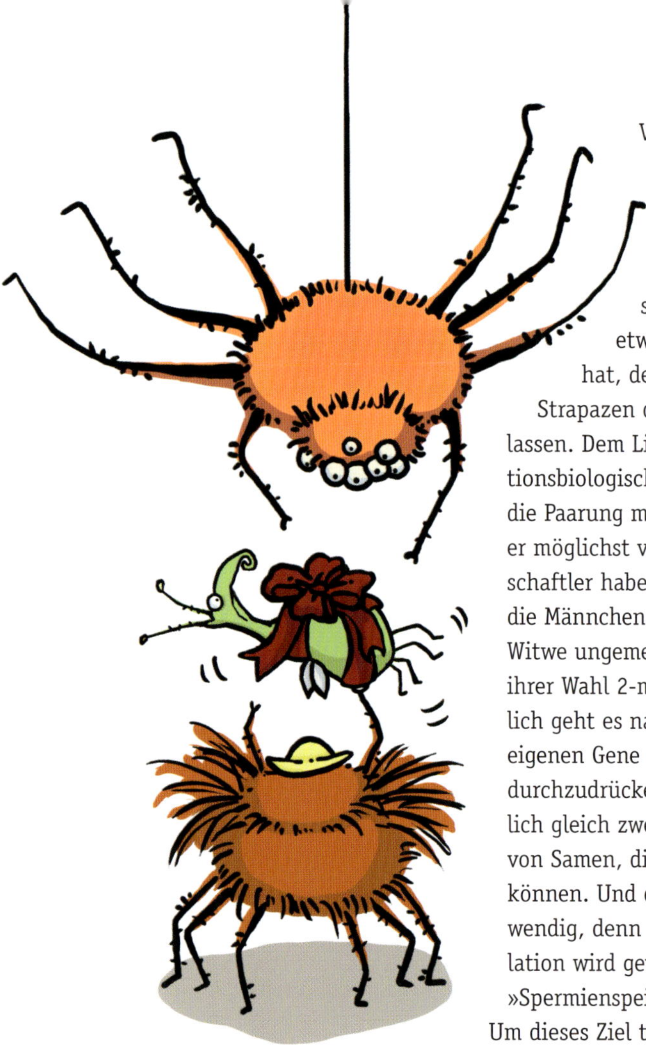

Verdauungsenzyme in die Wunde und beginnt die vorverdauten Körperteile des Männchens genüsslich aufzuschlürfen. Dabei hält das Männchen völlig still, denn je länger das Weibchen etwas zu beißen bzw. zu verdauen hat, desto länger ist es auch bereit, die Strapazen der Paarung über sich ergehen zu lassen. Dem Liebhaber ist natürlich aus evolutionsbiologischen Gründen daran gelegen, dass die Paarung möglichst lang andauert. So kann er möglichst viel Sperma abgeben. Wissenschaftler haben herausgefunden, dass es für die Männchen der Australischen Schwarzen Witwe ungemein wichtig ist, bei der Dame ihrer Wahl 2-mal zum Zuge zu kommen. Letztlich geht es natürlich wieder mal darum, die eigenen Gene in Sachen Nachkommenschaft durchzudrücken. Die Weibchen besitzen nämlich gleich zwei Behältnisse zur Aufbewahrung von Samen, die nacheinander befüllt werden können. Und dazu ist mehr als ein Akt notwendig, denn nur durch eine zweifache Kopulation wird gewährleistet, dass für Rivalen kein »Spermienspeicherplatz« mehr vorhanden ist. Um dieses Ziel trotz der kannibalischen Neigungen ihrer Sexualpartnerin verwirklichen zu können, wenden die Rotrücken-Spinnen-Männchen einen genialen, aber auch mutigen Trick an: Sie schnüren vor der Paarung mit Hilfe einer starken Bauchmuskulatur ihren Unterleib ein. Dank dieses Kunstgriffs werden wichtige Organe sozusagen von hinten nach vorne geschoben und damit dem Biss der hungrigen Weibchen entzogen, wodurch das Männchen seine Verletzungen in Grenzen hält und somit noch eine zweite Kopulationschance erhält, was wiederum die Chancen auf eine alleinige Vaterschaft drastisch erhöht.

Um den Gelüsten ihrer kannibalischen Weibchen zu entgehen, haben sich die Männchen der Raubspinnenart *Pisaura mirabilis* eine an Raffinesse kaum noch zu überbietende Doppelstrategie einfallen lassen. Zunächst einmal bieten sie der

Sexual-Kannibalismus findet nicht nur bei Gottesanbeterinnen, sondern auch bei vielen Spinnen- und Skorpionarten statt. Und selbst bei den freundlichen Grashüpfern beenden die Weibchen einiger Arten gern den Sex mit einer guten Mahlzeit und lassen sich den Liebhaber munden.

Dame ihres Herzens ein sorgfältig in Spinnseide verschnürtes Beuteinsekt als so genanntes Brautgeschenk an (siehe S. 64). Sobald die Dame in den Handel eingewilligt hat und mit Auspacken und Verzehr ihres Präsentes beschäftigt ist, können die Spinnenherren vorsichtig mit der Paarung beginnen. Sind die Weibchen jedoch nicht käuflich, verweigern die Annahme des Geschenks und greifen die Spinnenmänner an, schalten diese sofort auf Plan B um und stellen sich tot. Sie fallen regelrecht um wie ein »nasser Sack« und bleiben regungslos liegen – ohne jedoch ihr Präsent loszulassen. Sobald sie dann mitbekommen, dass das Weibchen mit dem Verspeisen der Beute beginnt, krabbeln sie ganz vorsichtig unter die dinierende Dame und beginnen unverzüglich mit der Kopulation. Dänische Wissenschaftler haben in Laborexperimenten festgestellt, dass Männchen, die den »Totstell-Trick« anwenden, zumindest sexuell gesehen viel häufiger zum Zuge kommen als Artgenossen, die auf eine solche schauspielerische Darbietung verzichten.

TRICKSER, TÄUSCHER UND FALLENSTELLER

Nach dem ehernen Gesetz der Natur wollen alle Lebewesen nur das eine, nämlich sich erfolgreich fortpflanzen, um die eigene Art zu erhalten. Um dieses Ziel zu erreichen, »ersinnen« manche Tiere, aber auch Pflanzen sowie andere Organismen (Viren, Bakterien, Pilze) zum Teil die erstaunlichsten Methoden. Es wird fleißig getäuscht, getrickst und gefälscht. Die Mimikry, eine dieser trickreichen Methoden, kann gleich zu verschiedenen Zwecken eingesetzt

Pflanzen ahmen sogar Insekten nach, um diese zur Bestäubung anzulocken.

werden. Dabei ahmen harmlose Tiere, beispielsweise Insekten, gefährliche oder giftige Arten nach. In unseren Breiten kann man deshalb etwa ganze Reihe völlig friedfertiger Insekten finden, die im gelbschwarzen Warn-Outfit der Wespen und

Lagerhaltung mit Stapeltrick

Manche Meerasselcasanovas haben es wahrlich schwer, bei einer Angebeteten zu landen. Denn bei einer bestimmten Meerasselart können die Asseldamen nur für kurze Zeit befruchtet werden. Die Herren der Schöpfung müssen nämlich den Zeitpunkt abpassen, an dem sich die Asselweibchen häuten und weich sind. Nur dann können die Männchen zum Zuge kommen. Damit sie nicht ellenlang auf eine empfangsbereite Braut warten müssen, nutzen die Asselmänner einen Trick: Sie locken die Meerasseldamen mit Hilfe eines Duftstoffes in ihre schlauchförmigen Höhlen. Wittert ein Asselfräulein diesen Duftstoff, lässt es alles stehen und liegen, stellt die Nahrungsaufnahme ein und folgt der Duftspur, die sie in die Fänge des Höhlenbewohners führt. Dieser nimmt sie bereitwillig in Empfang. Jedoch ist sie nicht die einzige Braut, weitere folgen. Auf diese Weise stapelt der Casanova im Laufe von 3 Monaten etwa 2 Dutzend Asselbräute hintereinander in seiner Höhle auf. Völlig vom Duftstoff benebelt, lassen die weiblichen Asseln aber auch wirklich alles mit sich geschehen. In dieser Zeit ist der Asselmann fortwährend damit beschäftigt, zu überprüfen, welche der Damen sich gerade häutet und somit begattet werden kann. Auf diese Weise hat der Schürzenjäger stets eine Frau zur Hand und muss keine Wartezeiten einkalkulieren, wenn es ihn gelüstet.

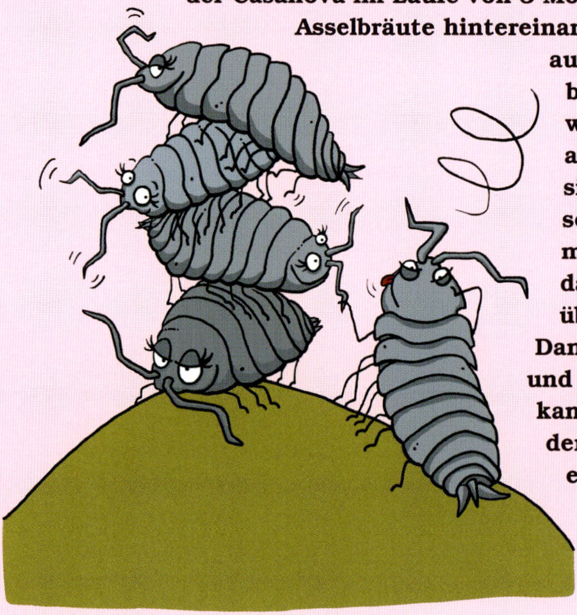

Hornissen daherkommen. Eindeutig dient diese Tracht zum Schutz vor Fressfeinden und ist eine Möglichkeit der Arterhaltung. Mimikry wird aber auch speziell zur Fortpflanzung eingesetzt.

In ihrer Liebestollheit gehen manche Insekten, im vorliegenden Fall Wespen, sogar Orchideen auf den Leim. So ahmt z. B. eine Orchideenart mit Blüten und ihrem Duft eine paarungswillige Wespenfrau nach. Der Vorteil für die Orchidee liegt in der Bestäubung. Einmal angelockt, beginnen die getäuschten Wespenmänner sogar mit Begattungsversuchen. Völlig irritiert ziehen sie schließlich von dannen bar jeglicher Sexgelüste und sehr zum Leidwesen der Wespenweibchen, die gehen dann nämlich leer aus. Allerdings sind die derart verwirrten Liebhaber keine hoffnungslosen Fälle. Denn entsprechende Versuche von Wissenschaftlern der Australian National University belegen, dass die getäuschten Männchen lernfähig sind. Nach mehreren Fehlversuchen waren sie in der Lage, die Täuschung zu erkennen und gingen den betrügerischen Orchideen aus dem Weg.

Auch der Samtfaltermann lässt sich im Hormonrausch fehlleiten. Da die Herren der Schöpfung einige Tage vor den Samtfalterdamen schlüpfen, fehlt es zunächst an den begattungswilligen Bräuten. Voll in Hochzeitsstimmung, fliegen die Männchen jeden fremden Schmetterling an, den sie zu sehen bekommen. Erst wenn sie den Irrtum aus unmittelbarer Nähe bemerken, drehen die Samtfaltermänner ab.

Ein wahrhaft unglaublicher Betrug ist der Hinterhalt, in welchen die räuberischen Leuchtkäferfrauen der Gattung *Photuris* mittels nachgeahmter Lichtmorsezeichen fremde liebestrunkene Leuchtkäfermännchen der Gattung *Photinus* locken. Wie bereits auf Seite 19 beschrieben, geraten die Männer in eine gemeine Falle. Denn der vermeintliche Sexflug gerät zu einem Freiflug in den Tod, die armen Wichte werden nämlich aufgefressen.

Einige Gallmückenarten wenden den »Mitbewohner-Trick« an, um sich die Arbeit hinsichtlich der Erstellung von Larvenbrutstätten vom Hals zu halten. Sie lassen anderen Gallmückenarten bei der Arbeit den Vortritt. Diese Aufgabe übernimmt zum Beispiel die Buchengallmücke, die auf Rotbuchenblättern das Wachstum von bis zu 12 mm großen, kegelförmigen Gallen verursachen kann, in die sie ihre Eier legt. Die Mitbewohnerarten legen nun ihre eigenen Eier in der Fremdgalle ab und sorgen sich nicht mehr um die Weiterentwicklung der Larven. Um sich des lästigen Brutgeschäftes zu entledigen, tricksen so genannte Brutschmarotzer auch weitere Tierarten aus (siehe hierzu S. 117 ff.).

Manche Spinnenmännchen, die ja häufig Gefahr laufen, von ihrer Angebeteten schon während des Liebesspiels verspeist zu werden, fallen nicht etwa vor Schreck in Ohnmacht, stattdessen stellen sie sich tot. Dennoch gelingt es nicht immer, die fresslüsterne Spinnendomina zu täuschen und von ihrem Vorhaben abzubringen.

Ein prachtvoller Auftritt der Casanovas, sei es per entsprechendem Outfit oder als stimmgewaltiger Troubadour, ist oft Voraussetzung für das Liebesglück. Wie es im Leben aber leider so ist, hat Mutter Natur ihre Gaben innerhalb der einzelnen Arten nicht gleichmäßig verteilt. Da gibt es richtige Beaus und wahre Sangeskünstler, daneben aber auch die »hässlichen Entleins« sowie die stimmlich Unbegabten, die aber auch ihre Qualitäten haben. Da dies aber die Angebeteten in der Regel nicht wissen, müssen die zu kurz gekommenen Männer zum Trickbetrüger werden. Bei den nordamerikanischen Präriekröten haben generell die am lautesten rufenden Männchen die größten Chancen bei den Mädels. Damit auch die weniger Stimmbegabten zu ihrem Glück kommen können, haben sich diese wirklich etwas einfallen lassen: Sie verstecken sich am Gewässerrand ganz in der Nähe eines stimmgewaltigen Quakers. Bewegt sich eine betörte Krötenfrau auf den Troubadour zu, springen die Mickermänner aus ihrem Versteck heraus, um sich die Braut unter den Nagel zu reißen. Auf diese Weise kommen auch die Nichtsänger ab und zu in den Genuss eines Schäferstündchens, zuweilen sogar schneller als der am Teichrand auf Krötenmädels wartende und Arien schmetternde Startenor. Auch unter den Fischen gibt es Arten, die nur mit einem Trick zu ihrem Liebesglück kommen bzw. ihre Brut in die Obhut von Zieheltern geben. Beim Sonnenbarsch etwa gibt es regelrechte »Sexopportunisten«. Man unterscheidet bei den Männchen in puncto Verhalten drei Typen: den Pflegertyp, den Schleichertyp und den Satellitentyp. Während der Pfleger rund 7 Jahre für seine Entwicklung benö-

Manche Männer aus dem Tierreich werden zu Transvestiten, um bei den Frauen zu landen.

In Frauenkleidern ans Ziel

Männer sind offensichtlich doch nicht immer die Dummen, denen der Sexualtrieb die Sinne vernebelt. Dies zeigt sich am Beispiel von körperlich unterentwickelten Männchen des Riesensepias, eines Vertreters der Tintenfischfamilie. Riesensepiadamen bevorzugen richtige Kerle, die als Mann etwas hermachen und groß und stark sind. Schwächlinge haben kaum Chancen, bei der so gestrickten Weiblichkeit. Deshalb tricksen die schmächtigeren Männchen die Weibchen aus: Durch Änderung von Farbe und Haltung sowie Verbergen der weißen, typisch männlichen Vorderbeine tarnen sie sich als Weibchen. So schleichen sie sich, von den kräftigen Beschützern der Weibchen unbemerkt, an ihre Angebetete heran und kommen schließlich auch zum lustvollen Zug. Einen Nachteil müssen die Täuscher dafür aber in Kauf nehmen. Oft werden die kleinen Kerle von den Muskelprotzen als Weibchen eingestuft und entsprechend sexuell bedrängt. Durch einen raschen Farbwechsel und damit eine »Rückverwandlung« zum Mann entgehen sie jedoch den Sexattacken.

tigt, sind die Satellitentypen bereits nach 2 Jahren geschlechtsreif. Beim »Pfleger« handelt es sich um kräftige Männchen, die nach der Laichabgabe das Brutpflegegeschäft allein übernehmen. Für die beiden anderen Typen schlägt aber die große Stunde während des Laichvorgangs. Denn während sich ein Weibchen und der Pfleger auf ein Stelldichein über der Laichgrube vorbereiten, halten sich Schleicher und Satellit bereit. (Sie werden vom Pfleger nicht verjagt, da sie wie Sonnenbarschmädels aussehen.) In dem Augenblick, in dem die Sonnenbarschfrau ihre Eier über der Laichgrube abgibt, schwimmen die beiden Opportunisten rasch heran, verspritzen schnell ihren Samen und verschwinden wieder ins Versteck zwischen Pflanzen, Wurzel oder Steinen. Noch einen drauf setzen Welse, die ihre Eier ins Maul von Maulbrütern bugsieren und von diesen Zieheltern ausbrüten lassen (siehe S. 119)

Bei den Buntbarschen sind Maulbrüter recht zahlreich. Gleich nach dem Ablaichen nehmen die flinken Weibchen die Eier ins Maul, wo diese sich gut geschützt weiterentwickeln können. Das geht alles so flugs, dass den Männchen keine Zeit bleibt, die Eier zu besamen. Deshalb wenden die listigen Maulbrütermänner einen Trick an, indem sie ein Geschenk von Mutter Natur nutzen. Sie tragen nämlich auf

der Afterflosse eine Zeichnung, die den abgegebenen Eiern stark ähnelt. Zur Eiablagezeit präsentiert der Maulbrütermann bevorzugt die Afterflosse. Voller Sorge um die vermeintlich noch ungeschützten Eier schnappt das Weibchen danach, um sie ins Maul aufzunehmen. Und diesen Augenblick passt das aufmerksame Männchen ab, um seinen Samen ins Maul der Geschlechtspartnerin abzugeben.
Tiere lassen sich – wie man sieht – alles Mögliche einfallen, um einen Partner abzubekommen. Einer der raffiniertesten Tricks ist freilich der Rollentausch vom Männlein zum Weiblein. Dabei findet wie bei Transvestiten nur äußerlich eine Veränderung statt, anatomisch bleiben sie Männchen. Da bei den Strumpfbandnattern oft ein extremer Männerüberschuss besteht, ist es für den einzelnen Nattermann schwierig, eine Braut zu finden. Einige der Möchtegernliebhaber ahmen jetzt flugs den Duft der Weibchen nach. Vom vermeintlich weiblichen Lockstoff benebelt, sind die anderen Männer oftmals so verwirrt, dass sie von der richtigen Braut ablassen. Damit schlägt die Stunde des Transvestiten, denn dem gelingt es nun, bei der Angebeteten zu landen.

GRUPPENSEX, PARTNERTAUSCH UND FLOTTE DREIER

Zwei Anakondas kommen an einem Teller Spaghetti vorbei. Entrüstet sich die eine: »So klein und schon Gruppensex!«
Dieser Witz hat einen wahren Kern, denn ein Weibchen der größten Schlange der Welt wurde schon beobachtet, wie es von 10 Männchen gleichzeitig umschlängelt

wurde. Gepaart hat sie sich dann jedoch nur mit einem einzigen. Bei Schlangen sind solche Konstellationen offenbar nicht unüblich – bei einer Strumpfbandnatter wurde sogar schon einmal ein Knäuel aus mehr als 100 potentiellen Liebhabern registriert. »Echter« Gruppensex ist im Tierreich dagegen eher selten, es gibt ihn aber auch, wie z. B. die notorisch tabulosen Bonobos gerne demonstrieren (siehe S. 65). Braunrückentamarine dagegen führen gerne eine Ehe zu dritt. Meist lebt eine Affendame mit zwei Affenherren zusammen. Und auch Tasmanische Pfuhlhühner haben oft gegen einen »flotten Dreier« nichts einzuwenden. Auch hier hat das Weibchen zwei Liebhaber – Wissenschaftler sprechen höflich von »Polyandrie«.

Untreue zahlt sich, zumindest evolutionstechnisch gesehen, aus, denn sie gewährleistet einfach – Moral hin, Moral her – eine größere genetische Variabilität. Aber Seitensprünge werden auch im Tierreich mitunter hart bestraft. So macht beim Rotrücken-Waldsalamander das Weibchen seinem Gatten, der gerade von einem amourösen Abenteuer zurückkommt, sogar eine regelrechte Szene und bestraft ihn mit heftigen Bissen. Die Weibchen kommen dem Seitensprung übrigens immer durch die Pheromone der Nebenbuhlerin auf die Spur, die beim Sex an der Haut des untreuen Männchens haften bleiben.

Zu den sexuell freizügigsten Insekten gehören sicherlich die niedlichen Marienkäfer. Sie wechseln etwa alle 2 Tage den Geschlechtspartner. Aber wer Sex mit vielen Partnern hat, läuft Gefahr, sich eine Geschlechtskrankheit einzuhandeln. Nicht anders ist es bei den gepunkteten Glücksbringern; hier wird – Strafe muss sein – beim Sex eine Milbe übertragen, die Marienkäferweibchen unfruchtbar macht. Und bei Hummeldamen verkürzt Untreue nach neuesten wissenschaftlichen Erkenntnissen (siehe S. 43) sogar die Lebenserwartung.

HAREMS – MEHR FRUST ALS LUST?

Harems und die »Vielweiberei« sind uns aus dem Orient bekannt, aus den faszinierenden Geschichten aus »Tausendundeine Nacht«. Unter Harem verstand man ursprünglich einen von der Außenwelt abgeschlossenen Wohnbereich, der von Haremswächtern bewacht wurde. In diesem wohnten die Frauen eines orientalischen Regenten oder Würdenträgers. In der heutigen Zeit trifft man die Polygamie bei Moslems und Mormonen an, wo sie eine von der jeweiligen Religion getragene Ehegemeinschaft mit dem Mann als Familienoberhaupt und klaren sozialen und ethischen Regeln darstellt. Nicht unbedingt vergleichbar, wird der Begriff »Harem« in der Zoologie auch zur Beschreibung von polygamen Formen des Zusammenlebens bei Tieren angewendet. Die Aufgabe, »Pascha« eines Harems zu sein, ist jedoch kein Zuckerschlecken: Ein geeignetes Revier, die räumliche Grundlage für eine Haremsbildung, muss besetzt und verteidigt werden. Zudem gilt es, die Weibchen bei Laune zu halten und einen »Frauenraub« durch Rivalen zu verhindern. Darüber hinaus wacht der jeweilige Clanchef auch mit Argusaugen darüber, dass ihm kein abenteuerlustiger Halbstarker aus der eigenen Gruppe in die sexuelle Parade fährt, will sagen, sich ein stürmischer Junglover mit einer der reizenden Haremsdamen vergnügt.

Stiergottheit mit eigenem Harem

Der Stiergott Apis war in Ägypten zur Zeit der Pharaonen eine wichtige Gottheit, die im ganzen Land sehr verehrt wurde. Apis verkörperte die Seele und die Schöpfungskraft des Gottes Ptah. Wissenschaftler sehen den Ursprung der Stiergottheit im Zusammenhang mit Fruchtbarkeitsriten. Als lebendiges Abbild des Gottes Apis hielt man in der Stadt Memphis, der Stadt des Pharaos, einen heiligen Stier. Dieser wurde in einer vornehmen Unterkunft in der Nähe des Ptah-Tempels gepflegt. Für sein leibliches Wohl war mit ausgewählten Speisen stets gesorgt, und für die sexuellen Gelüste stand ihm sogar ein ganzer Harem an handverlesenen Kühen zur Verfügung. Wenn ihn der Tod ereilte, wurde er wie ein Pharao einbalsamiert und zusammen mit seinem Harem auf einem eigenen Tierfriedhof bestattet.

Während es sich Haremsdamen oft gut gehen lassen, führen die Paschas häufig ein anstrengendes und nervenaufreibendes Leben.

Grundsätzlich wird zwischen einer lebenslangen Haremsbildung (u. a. Löwen, Paviane) und einem solchen Zusammenleben nur während der Paarungszeit unterschieden (u. a. bei Hirschen, Robben). Übrigens kommen Haremsbildungen nicht nur bei Säugern, sondern beispielsweise auch Fischen und Reptilien vor.
Beim Lippfisch, einem marin lebenden »Putzerfisch« lebt ein dominantes Männchen mit mehreren Weibchen zusammen. Wird das Männchen gefressen oder stirbt es, übernimmt ein fremder »Pascha« den Harem. Es kommt aber auch vor, dass sich ein dominantes Weibchen binnen 2–4 Tagen zu einem Männchen umwandelt und nun den Haremschef mimt.
Bei den nur auf den Galapagosinseln vorkommenden Meeresechsen scharen die Männchen ausschließlich zur Paarungszeit einen Harem um sich. Dazu besetzen sie ein geeignetes Revier auf einem Felsen, das sie gegen Rivalen verteidigen. Somit bildet auch hier eine abgegrenzte Raumeinheit die Basis für den Aufbau eines Harems.
Der einheimische Hirsch stellt sich erst zur Brunftzeit im Herbst seinen Harem zusammen. Dann aber ist der Bär los, pardon, dann röhrt der Hirsch – und nicht nur in den deutschen Wäldern. Die unter Hormondruck stehenden Hirschmänner gehen mit ihren gewaltigen Geweihen aufeinander los und fechten meist unblutig endende Kämpfe aus. Dem Sieger winkt ein Rudel paarungsbereiter Hirschdamen. Das Sprichwort »Wenn zwei sich streiten, freut sich der Dritte« gilt natürlich auch bei den Hirschen. Denn während sich der Rudelchef mit einem Herausforderer schlägt, treten oft unverschämte »Abstauber« auf den Plan, um sich einige Hirschmädels unter den Nagel zu reißen. Diese so genannten Beihirsche sind jüngere oder rangniedere Hirsche ohne Harem, die auf eine Unachtsamkeit des Platzhirsches warten, um dann auf Frauenraub zu gehen. Der Rudelchef muss daher stets wachsam sein, vor allem auch in den Nachtstunden, denn die Beihirsche nutzen jede sich bietende Gelegenheit. Während die Haremschefs nach der Brunft wieder ihres Weges gehen, bleiben die Hirschdamen mit dem Nachwuchs das ganze Jahr über unter Führung eines erfahrenen weiblichen Alttieres zusammen.
Auch die Männchen des Großen Abendseglers sind echte Kurzzeit-Paschas. Mit ihren Minnerufen locken die Fledermausmänner im Herbst gleich mehrere Weibchen in eine Baumhöhle, um diesen Harem dann dort bis zur Paarung gefangen zu halten.

Löwen leben ebenfalls immer nur eine gewisse Zeit als »Pascha« bzw. Rudelchef mit einem Harem zusammen. Während das Damenkränzchen der Löwinnen ein Leben lang zusammenbleibt, wechselt der Pascha nach wenigen Jahren. Wird der bisherige von einem Rivalen im Kampf besiegt oder stirbt er, übernimmt ein neues Männchen die Chefrolle. Der neue Boss führt sich gleich auf äußerst rabiate Weise ein, indem er sämtliche Säuglinge des Vorgängers tötet. Die Löwenmütter werden dadurch schlagartig ihrer wenigstens 2 Jahre dauernden Mutterrolle enthoben, wieder brünstig und können vom (neuen) Löwenmann gedeckt werden. Denn wie vielfach in der Natur zu beobachten, gilt es, den eigenen Samen ins Ziel zu bringen und eigenen Nachwuchs zu produzieren.

Haremsdamen tricksen Pascha aus

Übernimmt bei den Mantelpavianen ein neuer Pascha das Zepter, tötet er wie der Löwenpascha die Jungen des Vorgängers. Dadurch werden die Pavianfrauen des Harems bald wieder paarungsbereit, sodass der neue Herrscher seinen eigenen Nachwuchs zeugen kann. Jedoch sind die Pavianmädels nicht auf den Kopf gefallen und entwickeln eine Schein-Empfängnisbereitschaft. Im Genitalbereich weisen sie alsbald eine Brunstschwellung auf, als gäbe es einen Eisprung. Der neue Haremschef hat jetzt anderes zu tun, als die Jungen zu meucheln. Er kümmert sich nun um die holde Weiblichkeit, besteigt die in Wahrheit gar nicht empfängnisfähige Pavianfrau, und die kleinen Würmer kommen mit dem Leben davon.

KÄUFLICHE LIEBE

Als die ersten Menschen den Weg in die unwirtlichen Gefilde der Antarktis fanden, war käufliche Liebe dort schon längst verbreitet. Auf dem Kontinent des ewigen Eises und Schnees sind bei den Weibchen der Adéliepinguine nicht etwa Diamanten, wie bei uns Menschen, sondern Kieselsteinchen so sehr begehrt, dass sie sich im Austausch dafür sogar fremden Männern hingeben – sie lassen sich also für Sex bezahlen. Adéliepinguine benötigen die Steinchen dringend für ihren Nestbau, damit sich ihre Eier bei einsetzendem Tauwetter nicht plötzlich in einer großen Pfütze eiskalten Wassers wiederfinden. Doch Kieselsteinchen sind auf der Ross-Insel in der Antarktis, der Heimat der kleinen Frackträger, äußerst selten und daher nur sehr schwer zu beschaffen. Und ist der Ehemann der Pinguindame nicht in der Lage, genügend von dem kostbaren Nistmaterial herbeizuschaffen, paaren sich manche Weibchen eben auch mit Pinguin-Junggesellen, die ihnen jedoch den Liebesdienst mit Kieselsteinen vergelten müssen. Danach kehren die Pinguin-Prostituierten mit dem Nistmaterial, aber wohl ohne Reue zu ihren Ehemännern zurück. Manchmal genügt es freilich auch, wenn eine Pinguindame die geneigten Freier nur ausreichend scharf macht. So berichten britische Wissenschaftler von einer besonders verführerischen und wohl auch besonders raffinierten Pinguindame, die insgesamt 62 Steinchen allein durch heftiges Schwanzwedeln von verschiedenen Verehrern kassierte, ohne dass die Freier in den Genuss eine Schäferstündchens gekommen wären.

Pinguinweibchen sind jedoch in der Tierwelt in Sachen käufliche Liebe oder, um es netter zu formulieren, bei der Annahme von »Brautgeschenken« bei weitem nicht die große Ausnahme. Bei so mancher Tierart paaren sich die Weibchen nur mit Männchen, die auch Geschenke mitbringen. Freier, die mit leeren Händen oder besser gesagt Pfoten oder Klauen aufkreuzen, werden unerbittlich abgewiesen. Und fallen die Brautgeschenke nach Ansicht der umworbenen Dame zu klein aus, gibt es eben keine Hochzeitsnacht, sondern bestenfalls einen »Quickie«.

Beischlafbetrüger

Manche Tanzfliegenmännchen sind regelrechte Beischlafbetrüger und verführen ihre Partnerinnen mit Hilfe von Mogelpackungen. Sie schummeln beim Brautgeschenk und überreichen ihren Damen oft einfach nur in Seide eingesponnene Aststückchen oder gar leere Seidenballons. Nach 1–8 Minuten erkennen die getäuschten Weibchen zwar meist den Betrug, und es kommt zum Coitus interruptus – doch bis dahin hatte das betrügerische Männchen Zeit genug, zumindest ein paar Spermien einzuschleusen. Andere Weibchen reagieren oft noch nicht einmal verärgert auf diesen Betrug. Offensichtlich gilt hier: Hauptsache Geschenk.

Auch bei Tanzfliegen ist es üblich, dass ein Männchen der Dame seines Herzens ein Brautgeschenk mitbringt. So fangen die Männchen dieser Raubfliegenfamilie stets ein Insekt, bevor sie sich zu einem Rendezvous begeben. Und weil das bei Tanzfliegen eben so üblich ist, wird das Geschenk vorher noch mittels selbstgesponnener Fäden recht pompös verpackt. So ausgestattet, begibt sich der Tanzfliegenkavalier dann in den frühen Abendstunden zu den meist auf Waldlichtungen gelegenen Tanzplätzen, auf denen allabendlich ganze Schwärme liebeshungriger Männchen die ebenfalls in ganzen Schwärmen auftretenden Weibchen umwerben. Dort präsentieren die Herren den Damen ihrer Wahl ihr Geschenk dann tanzenderweise (Name!). Die Männchen geben ihre Geschenke bevorzugt den größten Weibchen, während die Weibchen wiederum auf Männchen mit möglichst großen Geschenken stehen. Nach der Partnerwahl darf das Männchen dann zumindest so lange mit dem Weibchen Sex haben, wie dieses zum Auspacken des Geschenks benötigt.

Die Männchen der in Australien beheimateten Schnabelfliege *Bittacus apicalis* locken ihre Weibchen zunächst mit Sexuallockstoffen an und versuchen sie dann durch Übergabe eines frisch erbeuteten Insekts zum Sex zu überreden. Aber die Damen machen die Dauer ihrer Gunstbeweise klar von der Größe des offerierten Brautgeschenkes abhängig; sie kopulieren nur so lange, wie sie zum Verzehr des Geschenks brauchen. Das heißt für das Männchen: Je größer das Geschenk, desto länger dauert der Sex. Handelt es sich beim Geschenk also nur um eine mickrige Mücke, dreht sich die enttäuschte Dame schnell weg. Und war das Weibchen mit dem Fresspaket überhaupt nicht zufrieden, sucht es sich sofort einen neuen Partner, der hoffentlich ein besseres Angebot bereithält. Noch nach vollzogener

Kopulation bleibt das Weibchen am Drücker. Es kann nämlich die Befruchtung zeitlich steuern und sich somit als Vater ihrer zukünftigen Brut denjenigen Liebhaber aussuchen, der sie zuvor am großzügigsten beschenkt hat. Ein großes Geschenk ist schließlich nicht nur sättigend, sondern verspricht auch die Weitergabe der Gene eines erfolgreichen Jägers an die Nachkommenschaft.
Die zu den Jagdspinnen gehörenden Listspinnen sind nicht ohne Grund auch unter dem Namen »Brautgeschenkspinnen« bekannt. Bevor die Männchen dieser Spinnenart nämlich auf Brautschau gehen, fangen sie zunächst einmal eine Fliege oder ein anderes Insekt, lähmen es mit einem Giftbiss und verschnüren das Beutetier anschließend sorgfältig mit Hilfe von Spinnfäden zu einem appetitlichen, silbrig glänzenden Päckchen. Mit diesem Brautgeschenk zwischen den Fangklauen nähert sich der Spinnenmann dann vorsichtig dem Spinnenweibchen und übergibt ihm zunächst demutsvoll das Werbegeschenk. Da das Weibchen jetzt intensiv mit dem Auspacken des Geschenkes beschäftigt ist, kann das Männchen problemlos zur Begattung schreiten. Mit dieser cleveren Strategie versuchen die liebeshungrigen Spinnenmänner zu verhindern, vor, während oder nach der Kopu-

Prostitution bei Bonobos

Unter den Säugetieren ist vor allem für Bonobos, diesen Schwerenötern in Sachen Sex (siehe S. 77), Prostitution kein Fremdwort.

Gerade in zoologischen Gärten wird immer wieder beobachtet, dass sich Weibchen Affenmännern besonders dann heftig und beharrlich anbieten, wenn diese im Besitz einer besonders leckeren Delikatesse wie z.B. einer Zuckerrohrstange sind. Geht das Männchen auf den Handel ein, wird der Liebeslohn oft noch während des Aktes verzehrt.

Auch bei Eisvögeln führt der Weg zum Herzen einer Frau oft über den Magen, denn bei der Balz überreicht das Männchen dem Weibchen gerne einen Fisch als Brautgeschenk.

lation von dem für seinen Kannibalismus bekannten Weibchen (siehe auch S. 51 ff.) gefressen zu werden. Allerdings sind Listspinnenmännchen meist keine sonderlich galanten Kavaliere. Nachdem sie das Ziel ihrer Träume erreicht haben – sprich nach erfolgreicher Begattung – entreißen sie häufig den Weibchen wieder das eingesponnene Geschenk und machen sich mit dem gleichen Päckchen auf die Suche nach einer neuen Spinnendame.

Besonders raffiniert sorgen die Männchen der Kurzflügelgrille *Gryllodes supplicans* dafür, dass ihre Spermien zum Zuge kommen. Sie kombinieren nämlich bei ihren Brautgeschenken enger als alle anderen Tierarten Nahrung und Fortpflanzung miteinander. Bei ihnen gibt es regelrecht »Sex zum Essen«. Die Grillen-Männer deponieren direkt an der Geschlechtsöffnung ihrer Angebeteten eine so genannte Spermatophore – eine mit Spermien gefüllte Kapsel, die ein proteinreiches Anhängsel besitzt, das zum Verzehr bestimmt ist. Das Weibchen schnappt sich dieses Anhängsel und verspeist es – währenddessen dringen die freigelegten Spermien in die Geschlechtsöffnung ein. Anschließend verputzt das Weibchen noch die Reste der Kapsel. Auch hier kommt es wieder auf die Größe an, denn je umfangreicher das Proteinanhängsel, desto länger brauchen die Weibchen für ihre Mahlzeit und umso mehr Spermien können in die Geschlechtsöffnung eindringen. Wo bei dieser Methodik der Lustgewinn bleibt, ist allerdings wohl kaum zu beantworten.

HOMOSEXUALITÄT

Sechs Jahre lang waren Roy und Silo die Attraktion des New Yorker Central-Park-Zoos. Nicht etwa, dass die beiden männlichen Kehlstreifpinguine besonders hübsch gewesen wären oder etwa ein besonderes Kunststückchen beherrscht hätten. Nein, Roy und Silo verdankten ihre Berühmtheit der Tatsache, dass sie das weltweit erste bekannte schwule Pinguinpaar waren. Rein äußerlich kann man bei Pinguinen nicht feststellen, ob sie männlich oder weiblich sind. Ein erster Verdacht, dass es sich hier nicht um ein heterosexuelles Liebespaar handeln könnte, kam den New Yorker Zoopflegern erst, als sie beobachteten, das beim Sex mal Silo

und mal Roy oben war, denn normalerweise ist bei Pinguinen immer das Weibchen bei der Paarung unten und das Männchen oben. Ein Gentest brachte dann Gewissheit: Roy und Silo waren schwul. Die beiden, dem Vernehmen nach unzertrennlichen Gay-Pinguine, hatten nicht nur einen gemeinsamen Haushalt, sondern schnäbelten und kuschelten miteinander, verwöhnten sich gegenseitig mit kleinen Geschenken und hatten natürlich auch immer wieder heißen Sex.
Als Krönung ihrer gleichgeschlechtlichen Partnerschaft adoptierten sie sogar ein kleines Pinguinmädchen namens Tango und zogen es quasi an Kindesstatt auf.
Untersuchungen in japanischen und deutschen Zoos zeigten, dass Roy und Silo kein Einzelfall sind: In fast allen Pinguingruppen wurden homosexuelle Paare entdeckt. So auch bei den Humboldt-Pinguinen im »Zoo am Meer« in Bremerhaven, wo mittels Genanalyse festgestellt wurde, dass gleich sechs von zehn Männchen vom »anderen Ufer« waren und weitaus lieber mit männlichen Frackträgern balzten, als sich unter die Fittiche einer Dame zu begeben. Da der Pinguinnachwuchs im Zoo jedoch zu wünschen übrig ließ, entschloss sich die Zoodirektion, die schwulen Pinguinmänner durch Import von vier attraktiven Pinguindamen aus Schweden zur Zeugung von Nachwuchs zu animieren. Nachdem der Zoo seine Pläne angekündigt hatte, wurde der Fall zum Politikum. Bei Zoodirektion und der Stadtverwaltung Bremerhaven gingen gleich reihenweise wütende Protestschreiben von Homosexuellenorganisationen aus aller Welt ein, in denen nachdrücklich gefordert wurde, den Gay-Pinguinen gefälligst ihr Recht auf sexuelle Selbstbestimmung zu lassen. Dabei war das Ansinnen der Zoodirektion eher naturschützerisch als schwulenfeindlich zu verstehen, denn Humboldt-Pinguine sind in ihrer Heimat an den Küsten Südamerikas vom Aussterben bedroht.
Daher haben sich einige europäische Zoos zu einem Arterhaltungsprogramm zusammengeschlossen.
Doch die Sorge um die Fremdbestimmung des Pinguinliebeslebens war völlig

Unzweifelhaft ist Homosexualität also nicht nur ein menschliches Phänomen, denn auch Schimpansen, Seekühe, Warzenschweine, Flamingos und viele andere Tierarten haben Sex mit gleichgeschlechtlichen Partnern.

überflüssig, denn die Pinguinmänner straften die Damen aus Skandinavien mit Desinteresse und blieben bei ihren vertrauten männlichen Gefährten.
Aber zurück zu Roy und Silo. Die Lovestory der schwulen Kehlstreifpinguine hatte leider kein Happy End. Denn nach 6 Jahren Männerglück mutierte Silo mit einem Schlag zum weltweit ersten Ex-Homo-Pinguin. Schuld an der Blitzkonvertierung war eine Pinguindame namens Scrappy, die, aus dem Sea-World-Zoo in San Diego kommend, im Gehege von Roy und Silo eingezogen war. Silo verliebte sich unsterblich in die heiße Kalifornierin und ließ den untröstlichen Roy links liegen. Ganz New York trauerte mit dem so schnöde verlassenen Roy. Sogar die berühmte »New York Times« widmete dem Pinguin-Beziehungsdrama eine ganze Seite. Besonders groß war das Entsetzen allerdings in der New Yorker Schwulenszene, hatte man doch durch die »Bekehrung« von Silo ein wichtiges Symbol verloren.
Die Geschichte von Roy und Silo ist nahezu identisch mit der von Daschik und Jehuda, zwei männlichen Bartgeiern aus dem Bibelzoo von Jerusalem. Auch die beiden Bartgeier lebten mehrere Jahre lang in einer engen homosexuellen Beziehung – und das ausgerechnet in einem Bibelzoo! Die Homogeier bewohnten ein gemeinsames Nest, balzten ständig verliebt miteinander und zogen sogar adoptierte Geierküken auf. Weibchen wurden von den beiden lange Zeit hartnäckig ignoriert – bis der Einzug eines Geierweibchens namens Beatrice in die Voliere der homosexuellen Zweisamkeit ein jähes Ende setzte. Jehuda verliebte sich Hals über Kopf in die wohl nach Geiergesichtspunkten äußerst attraktive Geierdame und verlor mit einem Schlag völlig das Interesse an Daschik. Der verschmähte Ex-Liebhaber verfiel daraufhin in schwere Depressionen und musste

in einen anderen Zoo umgesiedelt werden. Dort hat er sich mittlerweile aber ebenfalls umorientiert und mit einem Weibchen ein gemeinsames Nest bezogen. Untersuchungen in Zoos, aber auch im Freiland zeigten, dass Bartgeier, um es vorsichtig auszudrücken, sexuell gesehen äußerst tolerant sind. Unter Geiern spielt es offensichtlich oft nur eine untergeordnete Rolle, welchen Geschlechts der Partner ist. Und auch einem flotten Dreier sind die riesigen Greifvögel nicht abgeneigt.

Im Tierreich stehen schwule Pinguine und Geier übrigens keinesfalls alleine da, denn Wissenschaftler haben bei über 450 Tierarten homosexuelle Beziehungen entdeckt. Auch etwa jedes zehnte Meerschweinchen ist schwul. Das zeigten Forscher der Universität Bayreuth, die das Sozialverhalten der bei Kindern so beliebten Nagetiere beobachteten. So zog es in den untersuchten Meerschweinchengruppen einige Männchen nicht zu Weibchen, sondern offenbar unwiderstehlich zu männlichen Artgenossen hin, die sie mit Mitteln wie zärtlichem Quietschen oder gar kokettem Hüftschwung zu erobern versuchten. Auf große Gegenliebe stoßen die homosexuellen Meerschweinchen zumindest im Experiment jedoch so gut wie nie. Während in der Meerschweinchenhierarchie hoch stehende Männchen die unerwünschten Avancen mit großer Gelassenheit abwehren (meistens setzt es für die homosexuellen Werber eine kräftige Tracht Prügel), können sich schwächere und rangniedrigere Rudelmitglieder wesentlich schlechter zur Wehr setzen und werden oft von den liebestollen Homo-Meerschweinchen durch das ganze Gehege gejagt. Ein schwules Pärchen, das eine dauerhafte Verbindung einging, konnte bisher noch nicht beobachtet werden.

War Flipper homosexuell?

Auch »Flipper«, der Star der gleichnamigen Kinderfernsehserie, war wahrscheinlich schwul – weiß man doch heute, dass rund drei Viertel aller männlichen Großen Tümmler in gleichgeschlechtlichen Partnerschaften leben. Unangenehm wird dies nur, wenn die Gay-Delfine von homoerotischer Lust getrieben versuchen, das Atemloch ihres Partners an Stelle des Geschlechtsschlitzes zu missbrauchen. Die Delfinmänner verbindet jedoch offenbar mehr als reiner Sex. So schützen sich die Männerfreunde gegenseitig etwa vor Haiangriffen oder halten Wache, während der Partner gerade ein Nickerchen macht. Und stirbt ein Partner, weigert sich der trauernde »Witwer« oft, eine neue wie auch immer orientierte Partnerschaft einzugehen.

Viele Wissenschaftler haben die Tatsache, dass es im Tierreich gleichgeschlechtliche Liebe gibt, jahrhundertelang unter den Teppich gekehrt. Dies hatte gleich mehrere Gründe: Zum einen konnte nicht sein, was nach der damaligen ethischen Moralvorstellung nicht sein durfte. Und zum anderen hatten viele Forscher wohl schlicht und einfach Angst, wegen der Beschäftigung mit der heiklen Materie selbst für homosexuell gehalten zu werden.
Es gibt mehrere Theorien, warum Homosexualität im Tierreich fest verankert ist, obwohl sie weder der Fortpflanzung dient noch der Evolution von Nutzen sein kann. Die neueste und wohl auch provokanteste These stellte der nordamerikanische Biologe Bruce Bagemihl nach 10-jährigem Studium von homosexuellem Verhalten im Tierreich auf: Homosexualität hätte keinen tiefen Sinn, sondern sei einfach ein Ausdruck der Spielfreude und der Lust – und das war's.

DIE SACHE MIT DEM KEUSCHHEITSGÜRTEL

Wer zu spät kommt, den bestraft das Leben – ein Zitat, das offenbar auch auf die Fortpflanzung bei vielen Tierarten zutrifft. Im Tierreich herrscht nämlich ein so genannter Spermienkrieg, und wer diesen verliert, muss vielleicht Kinder aufziehen, die gar nicht die eigenen sind. Hat ein Männchen ein Weibchen nämlich endlich erfolgreich rumgekriegt – also die Paarung erfolgreich absolviert, heißt das noch lange nicht, dass es auch seine Gene erfolgreich weitergegeben hat.
So haben Weibchen manchmal durchaus Sex mit mehreren Männchen hintereinander, wodurch eben oft nicht alle Nachkommen die Gene eines einzelnen Vaters erhalten. Für das Weibchen ist das aus evolutionärer Sicht ein Vorteil, da die Spermien verschiedener Männchen im Körper der Frau konkurrieren. Wissenschaftler sprechen da von der »Spermienkonkurrenz«. So gelangt eben nur das Spermium, das sich gegen die Spermien anderer Männchen durchgesetzt hat, zur Befruchtung. Den Herren der Schöpfung liegt verständlicherweise viel daran,

Auch die Männchen des Gelbrandkäfers verpassen ihrer Braut per Pfropfen in die Genitalöffnung einen wirksamen Bio-Keuschheitsgürtel.

ihren Genen zum Erfolg zu verhelfen. Doch nicht alle Tierarten sind in der Lage, nach der Kopulation ständig in der Nähe des Weibchens zu bleiben und andere paarungsbereite Freier abzuwehren oder einfach ausreichend lange auf dem Weibchen in Kopulationsstellung zu verharren (wie dies einige Insekten tun). Was läge also für ein Männchen näher, als der Mutter seiner zukünftigen Kinder einfach einen Keuschheitsgürtel zu verpassen. Keuschheitsgürtel erfreuen sich im Tierreich großer Beliebtheit. Fledermäuse, Ratten, Maulwürfe und Eichhörnchen, aber auch Schlangenmänner und sogar einige Insekten- und Spinnenarten versuchen, um auf Nummer sicher zu gehen, die Dame ihres Herzens auf diese Weise vor zudringlichen Verehrern zu schützen.

Gerade Maulwürfe, die Schrecken aller Gärtner, sind für ihre Bio-Keuschheitsgürtel wohlbekannt. Normalerweise mögen Maulwürfe keine Gesellschaft. Nur im Juni, wenn die Weibchen brünstig sind, kommen die kleinen Tunnelgräber zur Paarung zusammen. Die Maulwurfmänner zeigen sich nach vollzogenem Akt äußerst besitzergreifend und verpassen ihrer Geliebten einen Keuschheitsgürtel, dessen Effektivität sich durchaus mit seinem mittelalterlichen Vorbild messen kann: Der Liebhaber hinterlässt nämlich einen harzähnlichen Pfropfen in der Scheide des Weibchens, der im erhärteten Zustand wochenlang die Bemühungen anderer Verehrer zum Scheitern verurteilt. Bei der Hausmaus ist dieser Pfropf sogar so hart, dass man ihm nicht einmal mit einem Skalpell zu Leibe rücken könnte.
Doch Männer wären nicht Männer, wenn sie nicht Gegenstrategien entwickeln würden, um durch Beseitigung des lästigen Begattungspfropfens doch noch ans Ziel ihrer Wünsche zu gelangen. So gelingt es z. B. männlichen Wanderratten in über zwei Dritteln aller Fälle, den Begattungspfropfen eines früheren Liebhabers zu entfernen. Sie benutzen dafür jedoch nicht etwa ihre Pfoten, sondern ihr bestes Stück, das sie dank einer gut ausgebildeten Penismuskulatur mit großer Geschicklichkeit als eine Art Greifarm mit Saugfunktion einsetzen. Und als wäre dies nicht genug, verspeisen sie nach gelungenem Entfernungsakt genüsslich den eiweißreichen Pfropfen. Wohl bekomm's!
Bei den Federflüglern – winzigen in morschem Holz lebenden Insekten – dienen die Spermien selbst als Keuschheitsgürtel. Die Männchen der Winzlinge übertra-

Diente der Keuschheitsgürtel gar nicht der Keuschheit?

Der Keuschheitsgürtel soll der Legende nach von kreuzfahrenden Rittern »erfunden« worden sein, die mit diesem oft martialischen Instrument während ihrer langen Abwesenheit die Treue ihre Gemahlinnen sicherstellen wollten. Es ist jedoch aus heutiger Sicht reichlich unwahrscheinlich, dass eine Frau über einen längeren Zeitraum ein solches Gebilde getragen hat, da das harte Metall sicherlich bald die Haut wundgescheuert hätte und es durch im Gürtel gesammelten Urin und Menstruationsblut zu schmerzhaften und gefährlichen Infektionen gekommen wäre. Dies hätte bei den damaligen bescheidenen medizinischen Möglichkeiten über kurz oder lang zum Tod der Trägerin geführt. Tatsächlich gibt es keinen einzigen Beweis dafür, dass der Keuschheitsgürtel im Mittelalter überhaupt bekannt war. Historiker vermuten deshalb, dass der Mythos »Keuschheitsgürtel« erst viel später erfunden wurde, um ein düsteres und brutales Bild vom »finsteren Mittelalters« zu zeichnen. Einer anderen Legende zufolge wurden Keuschheitsgürtel vom Dogen von Venedig dazu benutzt, Prostituierte so lange an der Ausübung ihres Gewerbes zu hindern, bis sie ihre fälligen Steuerschulden beglichen hatten. Heute nimmt man an, dass Keuschheitsgürtel als Sexspielzeug bzw. Folterinstrument verwendet wurden.

gen bei der Paarung 30 Riesenspermien, die so groß sind, dass der Genitaltrakt des Weibchens vollständig ausgefüllt und somit für Konkurrenz einfach kein Platz mehr vorhanden ist.

Es ist ein Tod, wie ihn sich wohl viele Männer wünschen, den die Männchen der nordamerikanischen Gold-Wespenspinne erleiden, denn sie sterben noch während der Paarung. Nur wenige Sekunden nachdem die Spinnenmännchen ihre Spermien in den Befruchtungsgang der Weibchen übertragen haben, fallen sie einem Herzschlag zum Opfer und brechen tot zusammen. Amerikanische Wissenschaftler haben herausgefunden, dass der Herztod nicht etwa auf zu heftige Kopulationsanstrengungen zurückzuführen ist, sondern genetisch programmiert ist und das ureigenste Interesse des Männchens, nämlich das Weiterkommen seiner Gene, noch über den Tod hinaus sichern soll. Nach ihrem Tod bleiben die Männchen nämlich mit ihren geschwollenen Kopulationsorganen in der Geschlechtsöffnung des Weibchens stecken und versperren so als »Ganzkörper-Keuschheitsgürtel« sexhungrigen Konkurrenten, die bereits um das Weibchen herumlungern, den

Zugang. Erst nach etwa 20 Minuten gelingt es dem etwas pietätlosen Weibchen, das noch Lust auf andere Spinnenherren verspürt, den teuren Verstorbenen zu entfernen. Zu spät freilich, denn durch den »Opfertod« des Männchens gewinnen seine Spermien auf dem Weg zu den Eizellen des Weibchens einen uneinholbaren Vorsprung gegenüber später kommenden Konkurrenten. Schmetterlingsmännchen der Familie der Weißlinge verpassen ihrer Partnerin nach der Paarung dagegen einen chemischen Keuschheitsgürtel, der sexhungrige Nebenbuhler bis nach der Eiablage von ihrer Liebsten fernhält. Die Schmetterlingsmännchen übertragen unmittelbar nach der Paarung den von ihnen selbst produzierten Duftstoff Methylsalicylat auf ihre Partnerinnen. Diese Substanz wirkt regelrecht als »Anti-Aphrodisiakum« und erstickt die Kopulationsversuche abenteuerlustiger Schmetterlingsmänner bereits im Ansatz. Der chemische Keuschheitsgürtel hilft jedoch nicht nur dem Männchen beim Durchsetzen seiner Nachkommenschaft, sondern schützt auch das Weibchen genau so lange vor lästigen weiteren Annäherungsversuchen durch andere Falter, wie es zur Eiablage braucht.

Wie durch Picken in den Allerwertesten der eigene Nachwuchs gesichert wird

Wohl wissend, dass ihre Weibchen für ihre Untreue weithin bekannt sind, bedienen sich die Männchen der Heckenbraunelle einer ebenso einfachen wie verblüffenden Methode, um sicherzustellen, dass nur sie als Vater der zukünftigen Brut in Frage kommen. Die Männchen der etwa sperlingsgroßen Singvogelart picken vor dem Sex mehrfach mit dem Schnabel auf das Hinterteil ihrer Auserwählten. Dadurch wird bei der »bepickten« Dame ein Reflex ausgelöst, durch den das Sperma des oder der Vorgänger wieder ausgestoßen wird.

Umgekehrt machen es übrigens die Weibchen der Kurzflügelgrille. Da die Damen dieser Grillenart offensichtlich nicht auf ein gutes visuell geprägtes Gedächtnis vertrauen können, markieren sie per persönlicher Duftnote ihre zahlreichen Liebhaber, um zu verhindern, dass sie mit dem gleichen Männchen 2-mal Sex haben. Auf diese Weise sichern die Grillendamen die genetische Vielfalt ihrer Nachkommen.

HEISSE BILDER

Vor kurzem haben amerikanische Forscher den unwiderlegbaren Beweis dafür gefunden, dass männliche Rhesusaffen auch nur Männer sind. Sie sehen sich nämlich, neben den Bildern dominanter Männchen, besonders gern Fotos mit den Hinterteilen von Artgenossinnen an und sind sogar bereit, sich dieses Vergnügen etwas kosten zu lassen. Wissenschaftler der amerikanischen Duke-Universität hatten in einem Aufsehen erregenden »Sexperiment« die Affen vor die Wahl gestellt, entweder eine große Menge ihres geliebten Kirschsaftes ohne Bilder zu erhalten oder nur eine kleine Saftmenge zu bekommen, aber bei gleichzeitiger Möglichkeit, die begehrten Fotos ansehen zu dürfen. Das Ergebnis war eindeutig: Die Affen entschieden sich mit überwältigender Mehrheit für ein Betrachten der »anstößigen« Bilder. Dabei waren besonders Fotos von weiblichen Hinterteilen, aber auch Bilder von dominanten Männchen wesentlich begehrter als Abbildungen von Artgenossen, die weit unten in der Rudelhierarchie stehen. Damit konnten die Wissenschaftler erstmals beweisen, dass Affen, genau wie wir Menschen auch, Informationen nach sozialen Gesichtspunkten bewerten.

Im Dortmunder Zoo half man dem Liebesleben paarungsunwilliger Orang-Utans durch die Vorführung pornographischer Filme gehörig auf die Sprünge. Dass die Darsteller in den Filmen Menschen und keine Affen waren, hat dabei die Menschenaffen nicht groß gestört. Orang-Utans sind nach Ansicht von Fachleuten nämlich durchaus clever genug, um uns Menschen als ihnen ähnlich anzusehen. Männliche Orang-Utans fahren sogar besonders stark auf Menschenfrauen mit langem rotem Haar und einer etwas untersetzten Figur ab, also Menschen, die die Affen offenbar an sich selbst erinnern. Die Direktion des Zoos der russischen Stadt Rostow führte der aus zwei männlichen und vier weiblichen Tieren bestehenden Schimpansengruppe, die schon seit Jahren keinen Nachwuchs mehr hervorgebracht hatte, einen »heißen Streifen« mit Artgenossen als Hauptdarstellern vor, um die offensichtlich zum Erliegen gekommene Libido der Menschenaffen zu neuem Leben zu erwecken. Der Affenporno stieß bei den Schimpansen auf ein geteiltes Echo: Während die Männchen beim Betrachten des Films sichtlich erregt wurden, verspürten die Weibchen wenig Lust, den auf Zelluloid gebannten Sex der Artgenossen näher zu betrachten.
Ein ähnliches Verhalten wurde bei Samba und Nico, einem Gorillapaar, das im britischen Longleat-Safaripark zu Hause ist, beobachtet. Als man versuchte, das nachgelassene Interesse der schon etwas betagten Gorillas am Sex mit Hilfe von Videofilmen, die kopulierende Affen zeigten, erneut zu entfachen, schlug dies leider fehl. Die Affen – seit langem leidenschaftliche Fernsehzuschauer – zeigten zwar große Begeisterung für die Handlung der Filme, machten jedoch keinerlei Anstalten, daraufhin selbst sexuell aktiv zu werden.
Besonders beeindruckend ist der Fall des Schimpansenmädchens Lucy, das im Hause des bekannten amerikanischen Psychoanalytikers Maurice Temerlin lebte und offensichtlich sehr an Nacktbildern von Menschen interessiert war. Als Temerlin Lucy einmal zu Versuchszwecken ein Exemplar des »Playgirl«-Magazins zur Ansicht überließ, wurde die Schimpansendame beim Durchblättern der Seiten immer aufgeregter. Jedes neue Bild eines nackten Mannes rief bei ihr noch größere Begeisterung hervor. Und als sie in der Mitte des Heftes den ausklappbaren »Mann des Monats« entdeckte, war es um ihre Beherrschung völlig geschehen. Sie erhob sich von ihrem geliebten Sofa, wo sie sich zum Relaxen früher auch gern mal ein Glas (verdünnten!) Gin gegönnt hatte, breitete die Photographie sorgfältig auf dem Boden aus und begann ihre Vagina heftig an dem »Fotopenis« zu reiben – sie versuchte also, mit dem Bild in sexuellen Kontakt zu treten. Nach etwa 20 Sekunden brach sie dann jedoch etwas verstört ihre sexuellen Handlungen ab und ließ das Heft links liegen.

WIE PAAREN SICH EIGENTLICH IGEL?

Wie paaren sich eigentlich Igel? »Sehr vorsichtig«, behauptet ein alter Witz. Und da ist auch etwas Wahres dran. Schon der griechische Philosoph Aristoteles vermutete, dass die Igelliebe eine heikle und verletzungsanfällige Angelegenheit sei und deshalb bei Igeln der Sex in der für Säugetiere ungewöhnlichen »Bauch an Bauch-Stellung« stattfinden müsse. Erst 1948 jedoch nahmen Wissenschaftler den Igelsex etwas genauer unter die Lupe – und konnten prompt das Märchen von der »Missionarsstellung« (siehe Kasten) ad acta legen: Nach einem ausgeprägten Vorspiel mit viel Geschnaufe und Geschnüffel besteigt das Igelmännchen das Weibchen nämlich ganz normal von hinten. Eine spezielle Igelanatomie verhindert, dass der Sex dabei für das Igelmännchen zu einer schmerzhaften Angelegenheit wird: Die Geschlechtsöffnung des Weibchens liegt ganz am Körperende, während der Penis des Männchens sich in der Mitte des Bauches

Das Geheimnis der Missionarsstellung

Einer Legende nach wurde der Begriff »Missionarsstellung« von Südsee-Insulanern erfunden, die sich am allabendlichen Lagerfeuer köstlich über den ihrer Meinung nach völlig fantasielosen Sex der Missionarspaare amüsierten. Recherchen amerikanischer Wissenschaftler ergaben jedoch, dass es der berühmte Sexualforscher Alfred Kinsey war, der den wenig schmeichelhaften Begriff prägte. Kinsey bezog sich dabei auf ein Buch des Anthropologen Bronislaw Malinkowski, der zwar berichtete, dass sich die Südseebewohner tatsächlich über das eintönige Liebesspiel der Weißen lustig machten – von Missionaren war allerdings bei Malinkowski nie die Rede.

befindet. Im Bereich der Fortpflanzungsorgane haben beide Geschlechter übrigens keine Stacheln. So ist ein vorsichtiges »halbes Besteigen« für einen erfolgreichen Akt völlig ausreichend.

DIE SEXBESESSENEN

Bonobos sind für ihr ausschweifendes Liebesleben berühmt. Bei keiner anderen Tierart scheint Sex eine so große Rolle zu spielen wie bei den offensichtlich sexbesessenen Zwergschimpansen. Die in Gruppen lebenden Affen aus Zentralafrika treiben es ständig – im Durchschnitt alle eineinhalb Stunden. Dabei werden die Sexualpartner oft gewechselt. Auch regelrechte Orgien und sexuelle Handlungen zwischen gleichgeschlechtlichen Tieren sind keine Seltenheit. Selbst in Sachen sexueller Experimentierfreudigkeit kennen Bonobos offensichtlich keinerlei Tabus. Kein Wunder also, dass Wissenschaftler die Affen gerne als »Kamasutra-Primaten« bezeichnen. Sex scheint Bonobos jedoch nicht nur Vergnügen zu bereiten, sondern dient nach Ansicht von Verhaltensforschern auch zum Abbau von Spannungen und zur Konfliktlösung. »Make love not war« – bei den Bonobos trifft dieses Motto wirklich zu. Übrigens: Die Bonobos gehören zu den Menschenaffen und somit zu unseren nächsten Verwandten.

Was die Bonobos unter den Säugetieren sind, sind die Haarmücken bei den Insekten. Diese kleinen Fliegen haben sich ihren englischen Namen »Lovebug« (Liebeskäfer) redlich verdient, denn ihr kurzes Leben besteht eigentlich nur aus Sex. Wenn die Weibchen im Frühjahr schlüpfen, orientieren sie sich sofort in Richtung der schwärmenden Männchen. Die Männchen schnappen sich die Weibchen noch im Flug, dann aber findet der Sex am

Das anstrengende Liebesleben der Australischen Grille

Die Grillenmänner der australischen Grillenart *Ornebius aperta* haben innerhalb von 3–4 Stunden über 50-mal Sex, und das auch noch mit dem gleichen Weibchen. Damit liegen sie in Sachen Sexrekorde (siehe S. 120) ziemlich weit vorne. Dieses sicherlich äußerst anstrengende Liebesleben ist jedoch nicht ganz freiwillig, denn die Grillenherren müssen so häufig ran, wenn sie ihre Nachkommenschaft sichern wollen. Grund dafür ist die niederschmetternde Tatsache, dass die abgegebenen Spermienpakete immer wieder von den Grillenweibchen aufgefressen werden.

Boden statt. Die Kopulation dauert 3 Tage – ein gewaltiger Akt für beide Partner. Nachdem sich Männchen und Weibchen getrennt haben, legt das Weibchen seine Eier ab und stirbt.

DAS DRAMA DER ZWITTER

Eigentlich sind Zwitter zu beneiden, denn wer männliche und weibliche Geschlechtsorgane aufzuweisen hat, besitzt doch in Sachen Fortpflanzung ganz offensichtlich die allerbesten Möglichkeiten. Oder um es mit dem amerikanischen Komiker Woody Allen zu sagen: »Bisexualität verdoppelt automatisch deine Chancen auf ein Rendezvous am Samstagabend.« Die Tatsache, dass die Suche nach einem geeigneten Partner sich bei Zwittern deutlich einfacher gestaltet, ist natürlich auch für die Erhaltung der Art ein gewaltiger Vorteil. Doch trotz all dieser augenscheinlichen Vorteile sind nur rund 10–15 Prozent aller Tiere Zwitter. Es sind hauptsächlich Wirbellose wie Schnecken und Würmer, aber auch im Wasser lebende Tiere wie Schwämme, Süßwasserpolypen, Korallen und Seescheiden sowie einige Krebs- und Fischarten, die ein Leben als Zwitter führen. Bei den so genannten höheren Tieren wie Säugetieren, Vögeln und Reptilien hat sich dagegen das Zwitterprinzip überhaupt nicht durchgesetzt. Warum das so ist, ist schlicht und einfach noch nicht erforscht – man weiß noch relativ wenig über das Sexualleben der Zwitter.

Immerhin sollte man meinen, dass das Liebesleben der Zwitter äußerst harmonisch verläuft. Da ja jedes Tier sowohl männlich als auch weiblich ist, dürfte es eigentlich keinen Geschlechterkampf geben. Aber weit gefehlt, denn das Drama vieler zwittrigen Arten besteht genau darin, dass keiner der Sexualpartner bereit ist, die Frauenrolle zu übernehmen. Zwitter spielen viel lieber den Mann. Das hat ökonomische Gründe: Während Sperma mit relativ wenig Aufwand produziert werden kann, verbraucht die Herstellung der viel größeren Eizellen deutlich mehr Energie. Männer haben es fortpflanzungsbiologisch gesehen einfach leichter. Und um die begehrte Männerrolle übernehmen zu können, ist den Zwittern fast jedes Mittel recht. So ist beim zwittrigen Strudelwurm *Pseudoceros bifurcus* der Sex besonders bizarr. Vertreter des prächtig gefärbten, etwa 6 cm großen Bewohners des australischen Great-Barrier-Riffs benutzen ihre Penisse als Waffen. Die Tiere, die sowohl Spermien als auch Eizellen produzieren, führen mit ihren Penissen Fechtduelle aus, an denen selbst die drei Musketiere von Alexandre Dumas ihre wahre Freude gehabt hätten. Dabei versuchen die Kontrahenten, dem »Gegner« Spermien unter die Haut zu stechen, eine eigene Besamung jedoch zu verhindern. Die Penisgefechte der bunten kleinen Duellanten können bis zu einer Stunde dauern und sind erst beendet, wenn es dem Sieger gelingt, einen Treffer zu erzielen

Die Unterwasserorgie

Für regelrechte Unterwasserorgien sind Kalifornische Seehasen bekannt. Diese rund 70 cm großen Meeresschnecken, die in den gemäßigten und tropischen Zonen zu Hause sind, pflegen nämlich ein ungewöhnlich bizarres Sexualleben. Normalerweise Einzelgänger, veranstalten die riesigen Nacktschnecken, die wie alle Schnecken im Besitz von männlichen und weiblichen Geschlechtsorganen sind, zur Paarungszeit Orgien, die sich mit dem Begriff »zwittriger Gruppensex« noch am ehesten umschreiben lassen. In der Wissenschaft spricht man sogar von »Schneckenbordellen«. Die Schnecken bilden dabei mehr oder weniger lange Ketten aus sich begattenden Tieren, wobei die Schnecken in der Mitte sowohl den männlichen als auch den weiblichen Part übernehmen. Da Seehasen extrem kurzsichtig sind, laden sie sich durch die Abgabe von Unterwasserlockstoffen, so genannter Attractine, gegenseitig zu ihren Orgien ein. Der Name »Seehase« leitet sich übrigens von den großen Mundtentakeln ab, die mit etwas Fantasie an Hasenohren erinnern.

und sein Sperma zu übertragen. Der Verlierer behält dabei eine ernsthafte Verletzung zurück, die oft 24 Stunden zum Ausheilen benötigt. Aber warum ist es für die Würmer so wichtig zu treffen, ohne selbst getroffen zu werden? Ganz einfach: Der Sieger gibt seine Gene weiter, ohne verletzt zu werden, und der Verlierer hat auch noch die Last mit der energetisch kostspieligen Eierproduktion.

Auch bei den zwittrigen Weinbergschnecken wollen die Sexualpartner lieber den männlichen Part übernehmen. Dazu bedienen sie sich eines kleinen Kalkpfeils, der, was die Wirkung betrifft, den Vergleich mit dem Pfeil des Liebesgottes Amor nicht zu scheuen braucht. Zunächst einmal nehmen sich Weinbergschnecken eine Menge Zeit für den Sex. Allein das Vorspiel kann bis zu 20 Stunden dauern. Dabei richten sich die Schnecken mit aneinandergelegten Fußsohlen auf und betasten sich zärtlich mit Lippen und Fühlern, wobei sie sich sanft hin und her wiegen. Kurz vor der Paarung dann stoßen die Schnecken ihrem Partner einen kleinen, etwa 10 mm langen Kalkpfeil, den so genannten Liebespfeil, in den Fuß. Der

Der Pilz mit den 13 Geschlechtern

Viele Lebensformen begnügen sich nicht einmal mit den üblichen zwei Geschlechtern. So liebt es der Schleimpilz *Physarum polycephalum* sexuell gesehen eher kompliziert – er hat nämlich gleich 13 verschiedene Geschlechter. Damit ist der Pilz, der auch in unseren heimischen Wäldern zu Hause ist, natürlich Weltrekordler. Neben 1 weiblichen und 1 männlichen Geschlecht gibt es noch 11 Zwischenformen, die eher weiblichen oder eher männlichen Geschlechts sind. Also sozusagen 50-, 60- oder 90-prozentige Männchen bzw. Weibchen. Jeder Schleimpilz kann sich übrigens mit jedem Geschlecht paaren außer mit seinem eigenen.

Pfeil hat eine stark aphrodisierende Wirkung, denn die gestochene Schnecke wird deutlich erregter und sexuell aktiver. Aber der Pfeil heizt nach neuesten wissenschaftlichen Erkenntnissen nicht nur das Liebesleben der Schnecken an, sondern injiziert auch einen hormonhaltigen Schleim, der beim getroffenen Tier bewirkt, dass die weiblichen Fortpflanzungsorgane empfänglicher für die Spermien des Partners werden. Damit bieten sich dem Pfeilschützen natürlich bessere Chancen, dass seine Gene zur Fortpflanzung gelangen. Wer bei Schnecken also Vater werden will, sollte auf jeden Fall ein guter Schütze sein.

GESCHLECHTS-WECHSEL – AUCH IM STUNDENTAKT

Neben den so genannten Simultanzwittern, die gleichzeitig männliche und weibliche Geschlechtsorgane besitzen (siehe S. 78), gibt es auch Tierarten, die im Laufe ihres Lebens das Geschlecht wechseln. So sind gerade einige Fischarten sexuell äußerst flexibel. Ein Geschlechtswechsel stellt für sie überhaupt kein Problem dar. Einige Arten beginnen ihr Leben als Weibchen, um später zum Männchen zu werden. Bei anderen Spezies ist es genau umgekehrt. Wissenschaftler sprechen hier von protandrischen bzw. protogynen Zwittern. Ihr Geschlecht sogar am laufenden Band wechseln können einige Vertreter der Zackenbarsche. Sie betätigen sich beim Laichen abwechselnd als Männchen oder Weibchen. Findet eine paarungsbereite Weibchengruppe kein Männchen, dann verwandelt sich das größte Weibchen einfach in ein Männchen. Rekordhalter ist der Schrift-

Kinostar Nemo ist ein Transsexueller

Im Disney-Kassenknüller »Findet Nemo«, der so überaus erfolgreich in den deutschen Kinos lief, eroberte ein niedlicher (Zeichentrick-) Clownfisch namens Nemo die Herzen der kleinen Zuschauer. Kein Wunder also, dass sich viele Kinder einen »echten« Nemo fürs heimische Aquarium wünschen. Biologisch vorgebildete Eltern stehen da allerdings vor einem Problem. Sie müssen ihrem Sprössling erklären, dass es sich bei Nemo um einen Transsexuellen handelt. Geboren werden Clownfische stets als Männchen, sie können im reiferen Alter aber durchaus zum Weibchen werden. Wird ein Weibchen, wie das im Film der Mutter des kleinen Clownsfischs passiert, von einem hungrigen Raubfisch gefressen, könnte Nemos Vater auf der Suche nach einem neuen Partner zum Weibchen werden, und Nemo wiederum könnte mit seinem eigenen Vater Kinder zeugen. Das Liebesleben der Clownfische ist für das Kinderzimmer wirklich zu kompliziert.

barsch, der sich innerhalb weniger Stunden bis zu 6-mal mit wechselnder Geschlechtsrolle fortpflanzen kann.
Der marine Borstenwurm *Ophryotrocha puerilis* dagegen passt sein Geschlecht jeweils dem aktuellen Ernährungszustand an: Die jungen Borstenwürmer starten zunächst alle als Männchen. Bekommen sie genug zu fressen, werden sie zu Weibchen; leidet der kleine Wurm Hunger, bleibt er ein Männchen. Schlecht genährte Weibchen verwandeln sich wieder in Männchen zurück. Übrigens: Entfernt man einem jungen Weibchen von *Ophryotrocha puerilis* das Hirn, wird es wieder zu einem Männchen. Hirnamputierte Männchen bleiben dagegen Männchen. Nur gut, dass Borstenwürmer relativ niedrige Organismen sind und man deshalb diese Erkenntnisse nicht auf den *Homo sapiens* übertragen kann.
Entenmuscheln wiederum machen ihr Geschlecht von der Nachbarschaft abhängig. Die wenig ansehnlichen Tiere gehören übrigens weder zu den Muscheln noch haben sie etwas mit Enten zu tun. Es handelt sich vielmehr um festsitzende Krebse, die bei Feinschmeckern sehr begehrt sind. Früher als Arme-Leute-Essen verschrien, sind die Bewohner der Brandungszone heute bei Gourmets en vogue und daher selten für weniger als 50 € pro Portion zu haben. Die freilebenden Larven der Entenmuscheln suchen sich gerne ein Plätzchen in der Nähe von Artgenossen und werden festsitzend. Die zwittrig veranlagten Tiere können ihr Geschlecht frei wählen. Für welches Geschlecht sie sich letztendlich entscheiden,

hängt von ihren neuen unmittelbaren Nachbarn ab: Sind es Weibchen, entwickeln sie sich zum Männchen, und umgekehrt.
Manchmal ist nach neuesten Erkenntnissen offensichtlich auch der Mensch dafür verantwortlich, dass Tiere ihr Geschlecht wechseln. So entdeckten amerikanische Wissenschaftler vor der Küste Kaliforniens männliche Fische, denen weibliche Geschlechtsorgane gewachsen waren. Die Forscher sind davon überzeugt, dass Umweltverschmutzung für diese Veränderungen verantwortlich ist, da die Tiere in Gebieten gefangen wurden, in denen Abwässer ins Meer geleitet werden.

FALLSTRICKE, SAFER SEX UND SAMEN AM STIEL

Bei vielen Wirbeltieren mit einer inneren Befruchtung findet bereits kurz nach dem Schäferstündchen eine rasche Verschmelzung von Eizelle und Spermium statt. Andere Tierarten besitzen nicht diese günstigen Bedingungen, manchmal noch nicht einmal einen Penis für die Begattung. Doch Mutter Natur hat für diesen Fall einige interessante Maßnahmen in petto. Oft wird die Samenspende zu einem ungünstigen Zeitpunkt verabreicht, zum Beispiel vor der Ausreifung der Eier, oder es fehlt an einem Lover, obwohl das weibliche Tier empfangsbereit ist. Im Hinblick auf sexarme Zeiten, in denen gerade mal kein frisches Sperma zur Verfügung steht, können kluge Tiermädels vorsorgen, indem sie Samen in Depots verschiedenster Ausprägung speichern. Der Vorteil dieser Vorgehensweise liegt auf der Hand: Zum Zeitpunkt jeweils optimaler Lebensbedingungen für den Nachwuchs kann dieser auf den Weg und alsbald auf die Welt gebracht werden.
Sexprobleme im Tierreich sind mannigfaltiger Natur. Da beispielsweise die Kopulationsorgane der Kapuzenspinnenmänner keine Verbindung zu den Hoden aufweisen, mussten sie sich als Liebhaber etwas einfallen lassen. Sie spinnen also ein kleines 3-eckiges Spermanetz und geben dort hinein einen Samentropfen ab.

Kluge Tiermädels sorgen für sexarme Zeiten vor und speichern das Sperma in unterschiedlichen Depots.

Dann tauchen sie mit den umfunktionierten Spitzen des dritten Laufbeinpaares in die Spermaflüssigkeit und führen den aufgenommenen Samen in die Geschlechtsöffnung des Weibchens ein.
Insekten haben im Bereich der Geschlechtswege eine so genannte Spermatheke, eine Samentasche, die der Speicherung der Spermien nach dem Liebesspiel dient. Die Feldgrillen- und die Laubheuschreckenmännchen deponieren die Samen beim Liebesspiel per Samenpaket in der Geschlechtsöffnung der Partnerin, wobei das Weibchen auf dem Rücken seines Liebhabers sitzt. Erst danach steigt das Weibchen vom Männchen herab, wobei jedoch letzterer in unmittelbarer Nähe seiner Angebeteten bleibt. Bewegt sich diese, legt das aufmerksame Männchen wie zur Beschwichtigung seine Fühler auf den Rücken des unruhigen Weibchens. Sinn und Zweck dieser »Nachbalz« ist, das Weibchen am Auffressen des Samenpaketes zu hindern. Sobald die Samen nach etwa 40 Minuten aus dem Samenpaket entwichen sind, darf sich das folgsame Weibchen zur Belohnung die Samenpakethülle munden lassen.
Die trickreichen Silberfischmänner wählen eine andere Methode. Zunächst betrillern sich beide Partner mit ihren Fühlern. Dann schlägt der hitzige Liebhaber seiner Herzensdame mit dem Schwanz an die Stirn und läuft davon. Ist sie ihm geneigt, eilt sie ihm nach. Jetzt wendet der Casanova den »Seiltrick« an: Zwischen sich und einer kleinen Bodenerhebung oder einer Wand spannt der eifrige Silberfischmann einen eigens produzierten Faden. Mit diesem gespannten »Fallstrick« verlegt er der willig folgenden Silberfischfrau den Weg. In der Nähe des Fadenendes wartet ein am Boden abgesetztes Samenpaket auf das Weibchen. Dieses sucht mit dem Hinterleib danach und nimmt es schließlich auf.
Wie Springschwanzliebhaber (siehe Kasten S. 85) produzieren auch Skorpione und Pseudoskorpione Samen »am Stiel«. Nach einem flotten Liebestänzchen setzt der Liebhaber ein gestieltes Samenpaket am Boden ab und führt die Skorpionfrau mit den Scheren darüber. Punktgenau unter der Geschlechtsöffnung stoppt der Skorpionmann seine Herzensdame, worauf diese das Samenpaket aufnimmt.
Bei den Kopffüßern (Tintenfischen) kommen die unterschiedlichsten Arten der Samenübertragung und -vorratshaltung vor. Das Weibchen des Gemeinen Tintenfisches etwa speichert die Samen in Samentaschen nahe dem Mund. Auch beim Gemeinen Kalmar befinden sich Samentaschen unterhalb des Mundes. Die Gemeine Krake überträgt die Spermatophoren (Samenträger) über eine Rinne des Begattungsarms bis vor die Mündung des Eileiters. Nachdem die Spermatophoren aufgeplatzt sind, entlassen sie die Samen direkt in den Eileiter. Ein höchst erstaunlicher Vorgang ist die Samenübertragung beim Papierboot aus dem Mittelmeer. Kommen die zwerghaften Männchen »in Stimmung«, so bildet sich nach

Samen am Stiel

Die urtümlichen Springschwänze pflegen den unpersönlichen, körperlosen Sex. Hier findet die Samenübernahme in Abwesenheit der Männer statt. Diese Sexabstinenzler produzieren gestielte Samentröpfchen, die sie, ohne einer Springschwanzfrau je in die Augen geschaut zu haben, einfach am Boden absetzen. Stoßen Springschwanzmännchen auf ein solches Samenpaket, überprüfen sie es hinsichtlich des Frischegrades. Ist das Verfallsdatum überschritten, wird es aufgefressen und durch ein frisches Samenpaket ersetzt. Weibchen in Fortpflanzungsstimmung finden diese Liebeshinterlassenschaften mittels ihres Geruchssinns und nehmen den Samentropfen mit ihrer Geschlechtsöffnung auf. »Safer Sex« im wahrsten Sinne des Wortes!

und nach eine Blase in der Nähe der Mundöffnung aus. Diese beinhaltet einen zusammengeknäulten Begattungsarm. Dieser Arm schwimmt beim Aufplatzen der Blase davon, dringt in die Mantelhöhle der Angebeteten ein und gibt dort seine Spermatophoren frei.

Eine Speicherung von Sperma – sozusagen für bessere Zeiten – findet man auch bei manchen Wirbeltieren. Lebendgebärende Zahnkarpfen (u. a. Guppy, Platy und Schwertträger) speichern den Samen in Spermatheken, aus denen der Samen je nach Eireifestadium zur Befruchtung bis zu 8 Monate lang »abgerufen« werden kann. Zahnkarpfen weisen noch eine weitere Besonderheit im Bau der männlichen Geschlechtsorgane auf: Die Afterflosse der Männchen ist unter Beteiligung der Flossenstrahlen zu einem rinnenförmigen so genannten Gonopodium umgebildet, das, fast wie ein Penis, seitlich nach vorne und in die weibliche Geschlechtsöffnung gestreckt werden kann. Damit vermag der Fischmann seine Spermienpakete bis in den Eileiter zu schießen. Mit diesem echten Begattungsorgan gelingt quasi eine innere Befruchtung im Körper des Weibchens. Ein ähnliches Gonopodium findet man bei den Indischen Glaskärpflingen. Hier ist es jedoch kein echtes Begattungsorgan, da es nur zum Anheften der Samenpakete in der Nähe der weiblichen Geschlechtsöffnung dient.

Nach einem Paarungstänzchen zur Luststeigerung findet bei Schwanzlurchen (u. a. Feuer- und Alpensalamander) eine innere Befruchtung statt. Dazu setzen die durch den Tanz angeregten Salamandermänner eine Spermatophore auf dem Land ab, worauf sich das paarungswillige Weibchen über die Liebesgabe bewegt,

um sie mit den Kloakenlippen aufzunehmen. Im Innern der Kloake löst sich schließlich die Hülle des Samenpaketes auf, und die jetzt freien Samen werden in einem Samenbehälter gespeichert.
Frosch- und Krötenmännchen umklammern ihre Geliebten stunden- oder tagelang inniglich mit den Vorderextremitäten und geben ihre Spermien direkt auf die Eier bei deren Austritt aus der Kloakenöffnung ab. Eine Ausnahme machen hier die wenig bekannten Blindwühlen. Die Frauen dieser Spezies werden von ihren Lovern mit einem ausstülpbaren Penis beglückt. Es findet eine innere Befruchtung statt.
Wie bereits eingangs erwähnt, muss Sperma oft für bessere Zeiten frisch gehalten und gespeichert werden. Bei Reptilien, Schildkröten, Echsen und Schlangen ist die Speicherung von Spermien am weitesten verbreitet. Bei Schlangen kann das Sperma 6 Jahre lang im Eileiter frisch gehalten werden. Den absoluten Rekord überhaupt im Tierreich hält die Javanische Warzenschlange mit 7 Jahren. Unter

Raubeinige Giganten der Tiefe

Jahrhundertelang war der Riesenkalmar nur durch Mythen, Legenden und Seefahrergeschichten bekannt. Es dauerte bis zum Jahr 1856, bevor aus dem Fabelwesen »Riesenkalmar« eine wissenschaftlich anerkannte Art wurde. Da sich der riesige, bis über 20 m große Tintenfisch in Tiefen zwischen 300 und 1000 m aufhält und selten an der Oberfläche gesichtet wird, liegen nur wenige Informationen zur Fortpflanzung und Eiablage dieser gigantischen Tiere vor. Der Riesenkalmar mag durchaus ein zärtlicher Liebhaber sein, der seine Herzensdame artistisch mit seinen Fangarmen umschlingt. Bei der Übergabe der Samenpakete geht er jedoch vermutlich richtig brutal vor. Man nimmt an, dass der Hitzkopf der Geliebten bei der Paarung die Spermienbehälter unter die Haut der Arme und des Kopfes injiziert.

Schlangen sind die Rekordhalter bei der Spermaspeicherung.

den Säugern bringt es die Fledermaus auf erstaunliche 5 Monate Spermienfrischhaltung. Nach dem Liebesspiel im Spätsommer oder im Herbst halten die Fledertiere erst einmal einen ausgiebigen, 5 Monate währenden Winterschlaf; erst danach werden die reifen Eier befruchtet. Bei den Vögeln schaffen Truthähne immerhin 6 Wochen und der Jagdfasan 3 Wochen.

DIE SCHLACHT DER VERSAGER

Die fleißigen Völker der westlichen Honigbiene leben sozial in einem wohlorganisierten Staat. Wie man auf Grund von »Volkszählungen« weiß, kommen die höchsten Bevölkerungszahlen um die Sommersonnenwende vor. Bis zu 60 000 Individuen der emsigen Honigsammlerinnen leben dann zusammen. Die Betonung liegt auf »Sammlerinnen«, denn der Bienenstaat ist die größte Zeit des Jahres reine Frauensache. Da gibt es die Königin, deren einzige Aufgabe es ist, Eier zur Sicherung der Population zu legen, und zwar buchstäblich am laufenden Band, nämlich bis zu 2000 Stück pro Tag. Daneben gibt es die sterilen Arbeiterinnen im Staat, die Nektar und Pollen sammeln, Waben bauen, den Stock sauber halten, die gelegten Eier versorgen und die Larven aufziehen sowie, wenn »Not an der Frau« ist, auch den Bienenstock gegen Feinde verteidigen. Wo aber bleiben die Männer? Männer (Drohnen) sind im Bienenstaat nur für den Sex da und ansonsten für nichts zu gebrauchen. Wie sagte es schon Wilhelm Busch treffend:

Und nur die alten Brummeldrohnen,
Gefräßig, dick und faul und dumm,
Die ganz umsonst im Hause wohnen,
Faulenzen noch im Bett herum.

Mit Beginn des Frühsommers produziert die legefreudige Königin einige Hundert unbefruchtete Eier, aus denen sich später die Drohnen entwickeln. Da die Drohnen offensichtlich zu bequem sind, sich selbst auf die Futtersuche zu machen,

müssen sie von den Arbeiterinnen mit Nahrung versorgt werden. Für eine kurze Zeit mag diese Unterstützung der Faulenzer angehen. Denn die Drohnen werden noch gebraucht. Sie werden nämlich von den Arbeiterinnen nur zu dem einen Zweck aufgezogen: Begattung der Königin beim Hochzeitsflug. Ist die Zeit dazu reif, verlässt die Königin den Stock, verfolgt von den Drohnen, die jetzt endlich aus ihrem Faulenzerdasein erwacht sind und sich regelrecht liebestoll gebärden.

Samen auf Vorrat gebunkert

Da die Königin nur während des Hochzeitfluges befruchtet wird, muss sie Samenvorräte anlegen. Dies geschieht mittels einer Samentasche im Hinterleib. Während des Durchgangs der Eier durch den Eileiter vermag die Königin die Samentasche zu öffnen oder zu schließen. Aus den befruchteten Eiern entwickeln sich die Arbeiterinnen oder im besonderen Fall eine neue Königin. Bei letzteren wird eine besondere Ernährung vorgenommen. Während die Arbeiterinnenlarven nur 3 Tage den berühmten Weiselsaft (»Gelée royale«) erhalten und dann einfache Kost (Pollen und Honig), wird an die Königinlarve und später an die Königin ausschließlich Weiselsaft verfüttert. Das Wundermittel »Weiselsaft« enthält Kohlenhydrate, Eiweiß, Vitamine und Spurenelemente. Unter dem Namen Gelée r-oyale wird er von Imkern als Stärkungs- und Aufbaupräparat für den menschlichen Verzehr verkauft.

Jede Drohne will Sex mit der Königin. Jedoch paart sich diese bei diesem Schwärmen nur mit bis zu 20 Männchen. Hinzu kommt noch, dass die armen Wichte während des Liebesaktes sterben. Denn die begattenden Lover kippen, noch im Weibchen steckend, hinten über, wobei ihr Hinterleib entzweigesprengt wird und sie ihr edelstes Teil verlieren. So sterben sie einen mehr oder weniger lustvollen Tod. Zumindest aber haben diese Drohnen ihr oberstes Lebensziel erreicht.
Wer nicht beim schwärmerischen Hochzeitsflug ins Schwarze trifft und dabei sein äußerst kurzes, 20–50 Tage währendes Drohnenleben aushaucht, dem schlägt bald darauf auf andere Weise das letzte Stündchen. Bei einem »Bienenstockkehraus«, der so genannten Drohnenschlacht oder Schlacht der Versager, werden nämlich die nicht zum Zuge gekommenen Männchen von den wehrhaften Arbeitsbienen aus dem Stock geworfen. Da die Drohnen keinen Stachel besitzen, können sie sich nicht wehren und müssen, von den Futterplätzen verjagt, elendiglich verhungern. Besonders hartnäckige und anhängliche Männchen werden zuweilen von den Arbeitsbienen regelrecht gemeuchelt.
Aber auch ihre Majestät, die Königin, bekommt zu gegebener Zeit ihr Fett weg. Erkrankt oder schwächelt sie oder ist die Legeleistung rückläufig, dann wird auch sie von den eigenen Nachkommen gnadenlos ins Jenseits befördert. Bis es so weit ist, hält sie ihr Gefolge mit der so genannten Königinsubstanz, einem Pheromon, bei der Stange. Dabei handelt es sich um einen Duft- bzw. Lockstoff, mit der die Königin bereits die Drohnen betörte. Die Substanz, die über die Mandibeln weitergegeben wird, hemmt die geschlechtliche Entwicklung der Arbeitsbienen, und das stimuliert das Wohlbefinden im Bienenstock.

SEXUELLE GEWALT

Sexuelle Gewalt gibt es leider auch im Tierreich. Aber wer hätte gedacht, dass ausgerechnet die niedlichen Stockentenerpel, die sich auf unseren Teichen tummeln, oder Flipper, der Liebling aller Kinder, brutale Vergewaltiger sind – oder dass bei den bisher eher als harmlos eingeschätzten Schafen wahre Massenvergewaltigungen vorkommen. Der Begriff Vergewaltigung ist natürlich von menschlicher Moral geprägt. Bei Tieren ist Sex gegen den Willen des Partners oft nichts anderes als eine reine Fortpflanzungsstrategie – es geht für die Männchen schlicht und einfach darum, ihre Gene möglichst oft weiterzugeben. Aber es gibt durchaus auch im Tierreich gewaltsamen Sex, der nicht im Dienste der Fortpflanzung steht, sondern ausschließlich zur Befriedigung der Lust dient.

Wahrscheinlich hat jeder auch nur halbwegs Naturinteressierte schon einmal beobachtet, wie auf den Teichen unserer Städte ein Entenweibchen von mehreren männlichen Artgenossen hartnäckig verfolgt wird. Was auf den Betrachter wie ein lustiges Spiel wirkt, ist für das Entenweibchen freilich oft eine Frage auf Leben und Tod, denn ihre männlichen Verfolger haben nur eins im Sinn: Sex um jeden Preis. Und dazu ist ihnen jedes Mittel recht – eben auch Vergewaltigung. Und so fallen sogar oft mehrere Erpel über ein Stockentenweibchen her. Experten schätzen, dass 10 Prozent der Entenweibchen einer Population regelrecht zu Tode vergewaltigt werden, da die Erpel die Weibchen bei der erzwungenen Kopulation unter Wasser drücken. Lange glaubte man, das Brutalo-Verhalten der Erpel sei auf das Luxuslotterleben zurückzuführen, das Enten heute in unseren Städten führen. Sozusagen nach dem Motto: »Wer von so genannten Tierfreunden ständig mit hochqualitativem Futter im Überfluss versorgt wird und daher dem täglichen Kampf ums Überleben eher gelassen entgegensehen kann, weiß oft gar nicht mehr, wohin mit seiner Kraft, und kommt dann auf dumme Gedanken.« Der deutsche Ornithologe Einhard Bezzel konnte diese These jedoch schlüssig widerlegen. Nach seinen Recherchen gab es bereits im 17. Jahrhundert Berichte von Entenvergewaltigungen – zu einer Zeit, in der die Menschen wohl nur in den seltensten Fällen Lebensmittel zur Fütterung von Wildenten übrig hatten. So berichtete bereits um 1600 der Schweizer Naturforscher Conrad Gesner in seiner berühmten »Historia animalium«: »Wann der Enten viel beveinander sind, so werden sie also hitzig, daß sie das Weiblein, indem einer nach dem anderen auffsitzet ertödten.« Der biologische Sinn der Vergewaltigung bei den eigentlich monogamen Stockenten scheint nach Ansicht der meisten Wissenschaftler darin zu bestehen, dass die Erpel durch den gewaltsamen Sex mit möglichst vielen Weibchen ihre Nachkommenschaft vergrößern und damit ihre Gene möglichst zahlreich weitergeben wollen. Sozusagen Vergewaltigung als Fortpflanzungsstrategie. Selbst vor Leichenschändungen schrecken sexsüchtige Stockerpel nicht zurück. So beobachtete jüngst Kees Moelicker, der Direktor des Rotterdamer Naturmuseums, wie ein Entenerpel sich 75 Minuten lang immer wieder am Leichnam einer

Kidnapping und Fesselspiele

Die Männchen einiger Krabbenspinnenarten schrecken auch nicht vor einem regelrechten Kidnapping zurück, wenn es darum geht, ihre sexuellen Interessen mit Gewalt durchzusetzen. Die Spinnenmänner, die übrigens gerade halb mal so groß sind wie ihre Frauen, schnappen sich junge, noch unreife Weibchen und bilden mit Hilfe ihrer Spinndrüsen ein Seidenzelt über ihren Opfern, das eindeutig die Funktion eines Gefängnisses erfüllt. Sobald die Jung-Weibchen dann die Geschlechtsreife erreicht haben, stürzen sich die Spinnenmännchen auf ihre Opfer und vergewaltigen sie, bevor die – körperlich eigentlich überlegenen – Damen überhaupt Widerstand leisten können. Generell scheinen einige Krabbenspinnenarten Fesselsex zu lieben. So fesselt z.B. das Männchen der Wald-Krabbenspinne das Weibchen vor der Paarung mit einigen Spinnfäden. Die Fesselung hat jedoch nur symbolischen Charakter, denn nach der Paarung streift das Weibchen die Fußfesseln einfach ab und verschwindet. Nach Meinung einiger Zoologen sind diese Verhaltensweisen Reste eines Rituals, das für die Spinnenmänner früher lebensnotwendig war, da bei vielen Spinnenarten die Weibchen die Männchen nach der Paarung verzehren (siehe S. 51). So »vernascht« z.B. das Weibchen der nahe verwandten Veränderlichen Krabbenspinne im Schnitt drei Männchen bei der Paarung – zwei werden gefressen, mit dem dritten hat es Sex.

George, der liebestolle Delfin

Im Jahre 2002 machte ein liebeshungriger Delfin die Küste der englischen Grafschaft Dorset unsicher. George, der jegliche Scheu vor Menschen verloren und sich daher zu einer richtigen Touristenattraktion entwickelt hatte, war wohl sexuell so ausgehungert, dass er ständig mit großer Aggressivität versuchte, mit Badenden oder auch Tauchern Sex zu haben. Eine für die Betroffenen nicht ganz ungefährliche Angelegenheit, denn beim Delfinsex geht es ja (siehe oben) bekanntermaßen recht rau zu. Bereits 3 Jahre zuvor hatte in Norwegen ein Großer Tümmler versucht, einen Schwimmer regelrecht zu vergewaltigen. Lediglich der Neoprenanzug, den der Badegast zum Schutz vor der Kälte in den kalten norwegischen Küstengewässern trug, konnte nach Aussage des Betroffenen den sexuell außer Rand und Band geratenen Delfin an seinem Vorhaben hindern.

frisch verendeten Leiche verging. Als Moelicker den gefiederten Leichenschänder verscheuchte, stellte er zu seiner Verblüffung fest, dass es sich bei der geschändeten Leiche ebenfalls um einen Erpel handelte! Sexualwissenschaftler bezeichnen so etwas als »homosexuelle Nekrophilie«.

Das dies in der Vogelwelt nicht etwa ein Einzelfall war, zeigen Untersuchungen von britischen Forschern an Uferschwalben. Um mehr über die Spermienkonkurrenz bei dieser Vogelart zu erfahren, präsentierten die Wissenschaftlern den liebeshungrigen Männchen ausgestopfte Artgenossinnen als potenzielle Partnerinnen. Die Uferschwalbenmänner störte es offensichtlich nur wenig, dass ihre Partnerinnen bereits das Zeitliche gesegnet hatten, denn sie stürzten sich voller Lust auf die Vogelleichen.

Auch das Bild vom notorisch guten Delfin hat in den letzten Jahren durch neuere Erkenntnisse der Wissenschaft einen massiven Knacks erhalten. Nicht nur, dass die Männchen der allerseits so beliebten Meeressäuger gezielt die Kinder fremder Väter töten, um die eigenen Begattungschancen bei den nunmehr kinderlosen Weibchen zu erhöhen, sie sind auch noch Vergewaltiger der übelsten Sorte. So machen sogar manchmal ganze Banden männlicher Delfine Jagd auf einzelne Weibchen, kreisen sie ein und vergewaltigen sie. Generell scheinen Delfine einen starken Sexualtrieb zu haben. Offensichtlich ist ihnen häufig nicht nur egal, welches Geschlecht ihr Partner hat (siehe S. 69), sondern sie versuchen auch oft gewaltsam, mit anderen Tierarten Sex zu haben – das schließt sogar den Menschen mit ein (siehe Kasten). Letztendlich muss das Objekt ihrer Begierde noch nicht mal lebendig sein – in Gefangenschaft tut es da auch schon mal ein Abschlussrohr.

»Der Samenkäfer ist ein Sex-Rambo« titelte die BILD-Zeitung vom 26.03.2001. Und das Boulevardblatt hatte in diesem Fall sogar Recht, denn beim Liebesspiel der kleinen, als Vorratsschädlinge gefürchteten Insekten geht es alles andere als friedlich zu. Beim Geschlechtsakt können die Weibchen erheblich verletzt werden oder sogar sterben. Grund dafür ist der keulenartige, mit Stacheln bewehrte Penis des Samenkäfermännchens, der die Geschlechtsteile des Weibchens während des

Brutalo-Sex bei Bettwanzen

Bei der Gemeinen Bettwanze geht es beim Sex nicht nur völlig unromantisch, sondern sogar äußerst brutal zu. Was Wissenschaftler nämlich mit dem Fachbegriff »traumatische Besamung« verharmlosend umschreiben, ist in Wirklichkeit für Bettwanzenweibchen eine schmerzhafte Angelegenheit. Denn das Männchen verzichtet völlig auf jegliche Art der Brautwerbung und stößt mit äußerster Brutalität seinen stilettartigen Penis wie eine Lanze einfach an irgendeiner Stelle durch die Körperwand des Weibchens hindurch und ejakuliert sein Sperma direkt in die Leibeshöhle. Von dort gelangt diese dann via Blut zu den Ovarien. Und das, obwohl Bettwanzendamen durchaus über einen funktionstüchtigen Genitaltrakt verfügen. Wissenschaftler glauben, dass die Wanzenmännchen mit dieser ebenso brutalen wie außergewöhnlichen Form der Begattung im Geschlechterkampf die Kontrolle über die Fortpflanzung erobern wollen. Durch Umgehung des »normalen« Fortpflanzungswegs rauben sie nämlich dem Weibchen die Chance, die Spermien in Samentaschen wie dem Receptaculum seminis (siehe S. 85) zwischenzulagern und erst nach der Begattung durch mehrere Männchen zu entscheiden, welches Erbgut zum Zuge kommen soll.

Verkehrs oft so schwer beschädigt, dass sie regelrecht zerfetzt werden. Kein Wunder, dass sich die Samenkäferdamen mit kräftigen Tritten ihrer Hinterbeine massiv zur Wehr setzen und hier wiederum so manches lüsterne Männchen bleibende Schäden zurückbehält. Britische Forscher von der Universität Sheffield glauben den Grund für diesen barbarischen Fortpflanzungsakt zu kennen: Hier handelt es sich offenbar um eine besonders perfide Form der biologischen Auswahl, denn durch die massive Gegenwehr der Weibchen haben nur die stärksten Männchen die Chance sich fortzupflanzen und ihre Gene weiterzugeben. Schwächlinge dagegen bleiben – zumindest genetisch gesehen – auf der Strecke.
Die Männchen der in Nordamerika sehr häufig vorkommenden Fledermausart *Myotis lucifugus* vergewaltigen ihre Opfer in ihren Winterquartieren im Schlaf. Auch dieses aus menschlicher Sicht heimtückische Vorgehen hat natürlich den altbekannten fortpflanzungsbiologischen Hintergrund. Normalerweise stehen Fledermausdamen nur auf Muskelprotze. Männer ohne genug Power in den Flügeln kommen dagegen nicht zum Zuge. Aber auch die wollen natürlich ihre Nachkommenschaft sichern, und da bleibt ihnen eben nur eine Möglichkeit: Vergewaltigung.
Sieht man sich in Sachen Vergewaltigung einmal etwas genauer bei unserer nächsten Verwandtschaft im Tierreich um, wird man feststellen, dass sexuelle Gewalt sowohl bei Bonobos als auch bei Schimpansen und Gorillas völlig unbekannt ist. Eine unrühmliche Außnahme bilden die Orang-Utans, bei denen gerade »halbstarke« Männchen immer wieder Weibchen trotz massiver Gegenwehr begatten – offensichtlich die dunkle Seite unserer sonst als so freundlich bekannten asiatischen Vettern.

Skorpionsfliegenmännchen versuchen es zunächst »im Guten«. Sie bieten ihren Weibchen als Gegenleistung für Sex ein totes Insekt zum Verspeisen an. Verschmähen die Damen dieses Brautgeschenk jedoch, werden die Skorpionsfliegenmänner zu Vergewaltigern und machen sich die widerstrebenden Weibchen mit Hilfe eines zangenartigen »Begattungshilfsorgans« gefügig.

Gleichgeschlechtliche Beziehungen sind im Tierreich keine Seltenheit (siehe S. 66). Und so treten eigentlich fast zwangsläufig bei einigen Tierarten auch Fälle von homosexuellen Vergewaltigungen auf. Der parasitische Wurm mit dem klangvollen lateinischen Namen *Moniliformis dubius* ist so ein Fall. Er vergeht sich nicht nur an anderen Männchen, sondern verschließt anschließend auch noch die Geschlechtsöffnung seines Opfers mit einem Begattungspfropfen und verhindert so, dass es seinen Penis ausstülpen kann. Ziel erreicht: Ein Konkurrent weniger, der seine Gene an die begehrte Damenwelt weitergeben kann. Ähnlich, aber noch raffinierter gehen die Männchen der Bettwanze *Xylocaris maculipennis* vor. Bei dieser Art vergewaltigen immer wieder Männchen ihre Geschlechtsgenossen und deponieren dabei ihren Samen im Samenleiter ihres Opfers. Hat das geschändete Männchen dann seinerseits Sex mit einem Weibchen, überträgt es zuerst das Sperma seines Vergewaltigers, dessen Gene dann – wie natürlich beabsichtigt – in den meisten Fällen das Rennen machen.

Zu sexuellen Übergriffen der besonderen Art kam es vor wenigen Jahren im südafrikanischen Pilanesberg-Nationalpark. Weibliche Breitmaulnashörner wurden dort immer wieder von offenkundig irregeleiteten jungen Elefantenbullen belästigt, die hartnäckig versuchten, sie mit Gewalt zu besteigen. Ein anatomisches Unding, denn die Geschlechtsorgane der beiden größten Landsäugetierarten passen überhaupt nicht zusammen. Entnervt von den vergeblichen Begattungsversuchen, wurden einige der Rüsselträger so wütend, dass sie sogar mehrere Nashornweibchen töteten. Aber warum wollen Elefantenbullen Nashörner vergewaltigen und sogar töten? Experten fanden schnell den Grund für dieses abnorme Verhalten. Die jungen Elefantenbullen waren als Waisenkinder in den Nationalpark gebracht worden waren, deshalb fehlte es ihnen an jeglicher Sozialisation, das heißt, sie hatten einfach keine adäquate Erziehung genossen. Die Nationalparkführung setzte dem Spuk relativ schnell ein Ende, indem sie sechs ausgewachsene Elefantenbullen in den Park

K.-o.-Tropfen

Staubmilbenmännchen sind besonders raffinierte Vergewaltiger. Die Männchen der winzigen Krabbeltiere, die sich bei Menschen keiner allzu großen Beliebtheit erfreuen, da ihr Kot Auslöser der bekannten Hausstauballergie ist, machen sich ihre Weibchen nämlich durch Verabreichung von K.-o.-Tropfen gefügig. Vor der Paarung verbreiten sie einen starken Pheromonduft, der die Weibchen mehrere Stunden lang betäubt. Sobald die Staubmilbendamen eingedämmert sind, besteigen die Staubmilbenmänner die hilflosen Damen, halten sie mit zwei Saugnäpfen fest und missbrauchen ihr Opfer nach Belieben oft stundenlang.

importierte, unter deren strengem Einfluss die außer Rand und Band geratenen Jungtiere relativ rasch zu einem normalen Verhalten zurückkehrten. Erziehung tut eben manchmal auch bei Elefanten not.

ZEIT DER ZÄRTLICHKEIT

Nun muss es im Tierreich aber doch noch etwas anderes geben als die brutalen Kerle, die ihre Herzensdamen beim Liebesspiel treten, stechen, beißen und zuweilen verletzen oder sogar arme Stockentenfräuleins zu Tode vergewaltigen (vgl. S. 90). Es kann auch nicht der (Natur-)Weisheit letzter Schluss sein, dass männermordende Kannibalinnen ihren Liebhabern während der Vereinigung den Kopf abbeißen oder sie sogar auffressen, quasi als Zugabe oder Nachtisch zum Sexgelage (vgl. S. 49 ff.). Wo bleiben hier die Liebe und die Zärtlichkeit? Keine Angst, es gibt sie noch, neben frauenfeindlichem Macho- und männervernichtendem Dominaverhalten, findet man auch bei den Tieren zu verschiedenen Spielarten von Zärtlichkeit und Zuneigung.

Während der Kuss beim Menschen die vielfältigsten Bedeutungen haben kann (u.a. als Begrüßungskuss, Kuss unter Liebenden, Bruderkuss und Judaskuss), verwenden ihn Schimpansen zur Begrüßung oder als Vorspiel beim Sex. Diese Verhaltensweise hat sich aus der Mund-zu-Mund-Fütterung der jungen Schimpansen entwickelt. Dies trifft übrigens auch für den *Homo sapiens* zu. Denn in der Frühzeit der Menschheit gab es bekanntlich noch keine Babyfertignahrung, sodass jegliches Essen für Babys vorgekaut werden musste. Den erregendsten Kuss, den Zungenkuss, kennen die sexuell nichts auslassenden Bonobos oder Zwergschimpansen ebenfalls und scheinen ihn regelrecht zu genießen. Dazu eine zum Schmunzeln anregende kleine Anekdote: Als ein wenig erfahrener Tierpfleger im Zoo von San Diego erstmals das Bonobogehege betrat, wusste er von den Vorlieben dieser Tiere noch nichts. So dachte er sich auch nichts dabei, als sich ihm das Bonobomännchen Kevin mit zum Kuss geschürzten Lippen näherte. Lachend bot der Tierpfleger ihm die Wange. Damit war das schmusewillige Tier aber nicht zufrieden und steckte dem völlig perplexen jungen Mann seine Zunge in den Mund, um ihm einen ordentlichen Zungenkuss zu verabreichen.

Beim Küssenden Gurami, einer tropischen Fischart, haben das Aneinandersaugen oder Berühren mit den dicklippigen Mäulern und ein gleichzeitiges Gerangel nur zum Teil etwas mit dem Austausch von Zärtlichkeiten zu tun. Einerseits handelt es sich um Rivalenkämpfe zwischen den Männern, wobei diese sich stundenlang an den Lippen gepackt hin und her schieben können, bis einen der beiden Kontrahenten die Kraft verlässt und er das Feld räumt. Andererseits ist dieses Verhalten Teil des Paarungsspiels.

Dagegen leitet sich das Begrüßungsverhalten bei Indischen Buntbarschen, ein zärtliches Schnappen an der Flanke des Partners, von dem Fütterungsverhalten der Elterntiere gegenüber den Jungfischen ab. Wenn die Jungfische ihren Dottersack aufgezehrt haben, werden sie zunächst mit einer besonderen Nahrung von

Die schimpansenähnlichen sexbesessenen Bonobos lassen nichts aus und genießen offensichtlich die verschiedensten Sexspielarten.

den Elterntieren versorgt. Letztere sondern in dieser Zeit über in der Haut sitzende Schleimdrüsen einen nahrhaften Schleim ab, von dem sich die Kleinen in den ersten Lebenstagen ernähren.
Darüber hinaus gibt es vor allem bei Säugetieren jede Menge an Zärtlichkeiten zwischen Mutter und Kind sowie auch bei erwachsenen Tieren, die für die sozialen Bindungen innerhalb einer Partnerschaft oder einer Gruppe von großer Bedeutung sind. Diesem Zweck dient etwa die Fellpflege bei den Jungaffen, das so genannte Lausen, das von den Alttieren vorgenommen wird. Auch bei den Erwachsenen hat sich diese Fellpflege erhalten, sie stellt dort eine Art nonverbaler Kommunikation dar und ist somit wichtig für das Miteinander in der Gruppe.
Die Gefiederpflege, das gegenseitige Füttern und davon abgeleitet das Schnäbeln dient bei Vögeln zur Festigung und Aufrechterhaltung der Paarbindung. Selbst in die Balz gehen solche Elemente ein, meistens freilich nur angedeutet. So verschränken Laysan-Albatrosse beim ersten Aufeinandertreffen sanft ihre Schnäbel, um über diese zärtliche Berührung Kontakt miteinander aufzunehmen.
Wenn Elefanten Sexgelüste haben, teilen sie dies dem Partner auf eine besondere Weise mit. Sie stecken sich nämlich gegenseitig die verlängerten Nasen, pardon den Rüssel ins Maul, und schon bald darauf kommt man zur Sache.
Darüber hinaus können Tiere auch zu sich selbst zärtlich sein. Gerade bei Säugern

Zärtliche Kaiserpinguine

Im Antarktiswinter versammeln sich die Kaiserpinguine zur Partnersuche auf dem festen Eis. Dazu treten sie zunächst einzeln vor die Schar, um »vorzusingen«. Haben sie einen möglichen Partner eräugt, stellen sie sich vor diesem mit seitwärts abgebogenem und aufgeblähtem Hals auf. Schließlich neigen beide den Kopf und beginnen mit dem gemeinsamen Singen – das Männchen melodiös, das Weibchen eher schnatternd. Danach bleiben beide noch zärtlich aneinandergelehnt, um sich dann mit einem Kopfrucken zu trennen und eventuell erneut die Partnersuche aufzunehmen.

ist Oralsex sehr häufig. Viele Arten stimulieren die Geschlechtsteile mit Mund und Zunge und nutzen dies oft als Vorspiel für weiteren Sex. Manchen Tierarten gelingt Oralsex sogar ohne Fremdhilfe. So vermögen Fleckenhyänenweibchen ihre sehr lange Klitoris ins Maul zu nehmen, und Braunbären- sowie Steinbockmänner gelingt dieses Kunststück ebenfalls mit ihrem Penis. Unter Pavianen wird u.a. auch dem Analsex gefröhnt. Manchmal geschieht dies bereits kurz nach der Begrüßung. Den Clou liefern natürlich wieder die sexverrückten Bonobos. Neben verschiedenen »lustvollen Stellungen« praktizieren sie auch lesbischen Verkehr und masturbieren häufig mit offensichtlichem Vergnügen. Das stimmt die Tiere freundlich und lässt sie in der Gruppe ausgeglichen miteinander umgehen. Hierzu ein Beispiel: Während andere Affenarten beim Auffinden von Nahrung zunächst einmal einen Streit über die Verteilung der Köstlichkeiten untereinander vom Zaun brechen, machen die Bonobos erst einmal Liebe. Danach sind sie so friedfertig und ausgeglichen, dass die gefundene Nahrung ohne Zwischenfälle verteilt wird. Jeder Bonobo erhält seinen Anteil.

FRAUENPOWER ODER: ES GEHT AUCH OHNE MÄNNER

Im Tierreich gibt es nichts, was es nicht gibt. Wen wundert es eigentlich da noch, dass manche Tiere es den Pflanzen nachmachen und wie diese ebenfalls asexuelle Fortpflanzungsformen in ihrem Repertoire haben. Wie man an vielfältigen Beispielen sehen kann, geht es nämlich auch ohne Männer.

Viele Geißeltierchen und Wurzelfüßer machen es sich mit der Vermehrung ganz einfach. Haben sie Vermehrungsgelüste, nehmen die Einzeller einfach eine ungeschlechtliche Zellteilung vor. Je nach Art verschieden, teilen sie sich in Form einer Längs- oder Querteilung. Sofern sie nicht gefressen werden oder durch widrige Umweltverhältnisse ums Leben kommen, sind sie mit diesem Vermehrungstyp quasi unsterblich, da sie in ihren Tochterzellen weiterleben.

Etwas weiter haben es da die Nesseltiere, darunter Schirm- und Würfelquallen sowie Blumentiere, gebracht. Sie können sich ungeschlechtlich und geschlechtlich fortpflanzen. Viele Nesseltiere kommen in zwei Erscheinungsformen, als Polyp und Meduse, vor, die sich in der Regel abwechseln. Somit findet ein Generationswechsel zwischen der ungeschlechtlichen Polypengeneration und der geschlechtlichen Medusengeneration statt. Neben der schon oben erwähnten Teilung nahmen die Polypen noch eine weitere Anleihe bei den Pflanzen. Sie sind nämlich in der Lage, sich über Knospung zu vermehren. Hierbei wölben sich äußere und innere Zellschichten nach außen vor und bilden einen neuen Polypen. Bei den Würfelquallen können sich diese Knospen vom Polypen ablösen und wegschwimmen. Den Trick mit der ungeschlechtlichen Vermehrung beherrschen auch Vertreter der Ringelwürmer wie die in Atlantik, Nordsee und Mittelmeer vorkommende Spezies *Dodecaceria concharum*. Diese Art schnürt einfach Körpersegmente ab, aus denen wieder vollständige Tiere heranwachsen.

Mutter Natur trägt aber noch einen weiteren Pfeil im Köcher, um auf die Herren der Schöpfung bei der Fortpflanzung verzichten zu können; die Parthenogenese oder Jungfernzeugung. Dabei wird einer unbefruchteten Eizelle mit Hilfe von Hormonen eine Befruchtung vorgegaukelt, sodass aus ihr ein vollentwickelter Organismus heranreifen kann. Die entstandenen Lebewesen sind genetisch identisch mit dem Muttertier und quasi natürliche Klone, da ja kein Erbgutaustausch mit einem Männchen stattfindet. Parthenogenese ist im Tierreich gar nicht selten. Eine Vielzahl von Wirbellosen sowie einige wenige Wirbeltiere nutzen diese relativ ressourcenschonende Art der Fortpflanzung. Unter den wirbellosen Tieren sind es beispielsweise Rädertierchen, viele Insekten (u.a. Stab- oder Gespenstschrecken, Schlupfwespen, Gallmücken und Rüsselkäfer), Spinnentiere (Palpenläufer, Skorpionarten, Milbenarten) und Krebse (Daphnien, Salinenkrebs, Marmorkrebs).

Wenn Kinder Kinder kriegen

Eine Sonderform der Parthenogenese, die Pädogenese (Fortpflanzung im Jugendstadium), macht's möglich: Kinder können Nachwuchs bekommen, ohne je einen männlichen Begatter gesehen zu haben. Sie zahlen dafür aber auch einen hohen Preis, nämlich mit ihrem Leben. Aber was tut man nicht alles für den Nachwuchs. Nun aber konkret: Bereits die Larven mehrerer Gallmückenarten können Eierstöcke und Eier bilden. Auf Kosten der Körpersubstanz entwickeln sich in der Mutterlarve kleine Larven, die letztendlich das ganze Muttertier ausfüllen. Wenn sich die Junglarven schließlich auf den Weg in die Freiheit machen, bleibt von der fürsorglichen Mutterlarve, die alsbald ihr Leben aushaucht, nur noch ein leerer Sack (Chitinhülle) übrig.

Bei den Wirbeltieren greifen einige Echsen auf diese Vermehrungsmöglichkeit zurück. Es löste großes Erstaunen in Wissenschaftlerkreisen aus, als in den 1960er Jahren bekannt wurde, dass sich die Populationen der im Kaukasus ansässigen Felseidechse ausschließlich parthenogenetisch vermehren. Auch bei den neuweltlichen Rennechsen sowie bei den Geckos und Agamen gibt es Arten, die sich fortpflanzen, ohne einen Liebhaber bemühen zu müssen. Bei den nur aus Damen bestehenden Rennechsenpopulationen haben Biologen sogar ein lesbisches Paarungsverhalten entdeckt. Dabei verhalten sich die Tiere wie Braut und Bräutigam, vom inszenierten Liebesspiel bis hin zur Scheinkopulation, bei der die Rennechsenfrauen ihre Kloakenöffnungen aufeinanderpressen. Ob durch solche Schäferstündchen die hormonelle Initialzündung für die Entwicklung eines unbefruchteten Eis erfolgt, ist bislang nicht bekannt. Bei parthenogenetisch erzeugter Nachkommenschaft vermutete man bislang immer irgendeinen Makel oder Nachteil wegen des fehlenden Austausches von männlichem und weiblichem Erbgut. Bisher war die Wissenschaft der Auffassung, dass aufgrund der begrenzten genetischen Ausstattung solcher Populationen Defizite in Kauf genommen werden müssten, etwa hinsichtlich der Vitalität oder des körperlichen Leistungsvermögens, aber auch wegen möglicher Inzuchtprobleme. Diesen Mythos konnte ein australisch-amerikanisches Wissenschaftlerteam nun widerlegen, zumindest bei einer bestimmten Geckoart. Bei der von den Forschern untersuchten, sich nur über Parthenogenese vermehrenden australischen Geckoart *Heteronotia binoei* kommen nur weibliche Tiere vor. Bei einem Trimm-dich-Vergleich in einem Laufrad ließen die Biologen die genannte Art mit ungeschlechtlicher Vermehrung gegen eine nahe verwandte Art mit geschlechtlicher Vermehrung zum Sport antreten. Heraus kam

Rädertierchen sind wahre Sexasketinnen, die über Jahrmillionen keinen Liebhaber gesehen haben.

Erstaunliches: Die weiblichen Sexasketen waren die besseren Athletinnen und übertrafen ihre sexuell gezeugten Geschlechtsgenossinnen in puncto Leistungsfähigkeit erheblich, nämlich um 50 Prozent.
Auch eine im Meer lebende, rund 370 Arten umfassende Rädertierchenfamilie zeigt, dass asexuelle Fortpflanzung keine evolutionäre Sackgasse sein muss. Bisher konnte man keinen männlichen oder zwittrigen Vertreter dieser Tierchen entdecken, weshalb Rädertiere zu einem begehrten Forschungsobjekt avancierten. Die marinen Mehrzeller haben trotz asexueller Vermehrung nämlich den Dreh für ein langes Überleben raus, denn sie wurden zu einem Erfolgsmodell der Natur. So haben sich die Sexasketinnen über Jahrmillionen gehalten und fortgepflanzt – und das ganz ohne Männer. Auch die bei anderen Arten so vielbeschriebenen Inzuchtprobleme bei begrenztem Genpool scheinen die Meeeresbewohner nicht zu kennen. Sollte etwa doch ein bisher übersehener Gentransfer vorliegen, müssten das weitere Untersuchungen aufdecken. Aber auch erst jüngst angestrengte Genanalysen brachten keine neuen Befunde. So bleiben die Rädertierchen auch zukünftig ein ungelöstes Rätsel für die Wissenschaft.

NACHWUCHS – DIE LAST NACH DER LUST

Nach der Lust kommt die Last. Denn nun schlägt für die zukünftigen Mütter die Stunde der Wahrheit, jetzt geht's ans Kinderkriegen. Meistens haben sich die »One-Night-Stand-Lovers« zu diesem Zeitpunkt bereits elegant verdrückt, aber es gibt auch im Tierreich Herren der Schöpfung, die nicht nur bei der Geburt dabei sind, sondern auch beim Füttern und »Wickeln« helfen. Bei einigen Tierarten erfolgt sogar ein Rollentausch: Während die Weibchen in den wohlverdienten Mutterschaftsurlaub gehen, um sich vom Geburtsstress zu erholen, übernehmen die Väter allein das Brutpflegegeschäft. Bei wieder anderen Spezies kümmert sich kein Elternteil um die Nachkommenschaft, die völlig auf sich allein gestellt in der Welt zurechtkommen muss. Und schließlich gibt es noch die Eltern, die sich auf die faule Haut legen und andere für sich arbeiten, sprich brüten und aufziehen lassen (siehe S. 117 ff.).
Bei einer intensiven Brutfürsorge und -pflege durch die Elterntiere findet man oft geringe Kinderzahlen (u. a. bei den Säugetieren). Dagegen weisen nicht brutpflegende Tierarten häufig große Eizahlen auf, die einfach ihrem Schicksal überlassen

werden. Zu dieser Gruppe der »Rabeneltern« zählen viele Insekten, Weichtiere, Fische, Amphibien und Reptilien.
Um den Bruterfolg zu erhöhen, treffen manche Tiere besondere Vorkehrungen zum Schutz der Sprösslinge. Da gibt es Baumeister, die Bruthöhlen zimmern oder graben, kunstvolle Nester weben oder Pflanzen durch Abgabe von Sekreten zur Bildung von Bruthäusern für die Nachkommenschaft anregen. Daneben kennt man »Origamikünstler«, die Pflanzenblätter zur Eiablage ideenreich falten oder rollen können.
Zu den Eltern, die sich nach der Eiablage flugs aus dem Staub machen, zählen einige Libellenarten. Sie werfen ihre Eier einzeln im Flug knapp über der Wasseroberfläche ab und schwirren von dannen, ohne sich um deren weitere Entwicklung zu kümmern.
In einer Art Freiflug erleben auch Chamäleonbabys ihre ersten Schrecksekunden nach der Geburt. Die Babys schlüpfen nämlich nicht aus Eiern, wie oft bei Reptilien üblich, sondern kommen voll entwickelt auf die Welt. Sie müssen aber auch wirklich gleich voll da sein, denn das meist auf Ästen und Zweigen sitzende Muttertier lässt die Jungen einfach nach unten in die Vegetation fallen. Wenn sie Glück haben, landen sie auf Blättern oder im Geäst. Ansonsten bremst erst der harte Boden den wenig erbauenden Sturz.
Ähnlich, wenngleich etwas besser ergeht es auch den Kaulquappen tropischer Laubfrösche aus Mittel- und Südamerika, die ihre Eier an Pflanzenblättern festkleben, die über Gewässern hängen. Die schlüpfenden Kaulquappen fallen schließlich direkt ins Wasser.

Dagegen zählt der südamerikanische Makifrosch zu den bereits erwähnten »Origamikünstlern«. Elegant formt er aus einem Pflanzenblatt eine Tüte, die unten eine kleine Öffnung aufweist. In das so zweckentfremdete Blatt legt der Tütenkleber seine Eier ab. Sind die Larven geschlüpft, winden sie sich durch die Öffnung und fallen ins Wasser. Auch einheimische Molche falten Wasserpflanzenblätter und schützen auf diese Weise ihr Gelege.

Nicht besonders gut hat es das Geburtshelferkrötenmännchen getroffen, das sich geraume Zeit mit dem künftigen Nachwuchs abplagen muss. Kurz nach dem Schäferstündchen schlingt es sich die von seiner Herzensdame abgegebenen Eier um die Hinterbeine und schleppt sie 3–6 Wochen mit sich herum. Die sich entwickelnden Kaulquappen werden dann beim Schlupf in ein stehendes Gewässer entlassen. Auch einige tropische Frösche tragen Eier und Larven im Huckepackverfahren durch die Lande, um sie zu gegebener Zeit in einem passenden Gewässer abzusetzen.
Beim komplizierten Liebesspiel der südamerikanischen Wabenkröten, das durch wechselnde Stellungen geprägt ist, gelangen die vom Krötenmann besamten Eier schließlich auf den Rücken der Krötenfrau. Dort entwickeln sie sich in wabenartigen Vertiefungen der Haut 11–13 Wochen, dann verlassen die voll ausgebildeten Jungkröten das Muttertier. Auch der in unwirtlichen Gebirgsregionen lebende Alpensalamander bringt nach einer Trächtigkeit von 2–4 Jahren zwei lebende, voll entwickelte Jungen zur Welt. Dies ist als eine deutliche Anpassung an die raue Hochgebirgsumwelt zu sehen (siehe S. 114).
Darüber hinaus gibt es maul- oder sogar magenbrütende Froscharten. In letzterem Fall schluckt das Weibchen die besamten Eier in den Magen hinab. Damit sie sich dort unbehelligt weiterentwickeln können, hat die Froschmutter sicherheitshalber

Bei einigen Tierarten entwickeln sich selbst die Frauen zu regelrechten Schaumschlägern, wenn es um den Nachwuchs geht.

vorher die Ernährung und die Produktion von Magensäure eingestellt. Die fertigen Fröschlein klettern schließlich aus dem Maul der Mutter. Die Art gilt allerdings heute als verschollen.
Auch unter den Fischen findet man bei einigen Familien (u.a. Buntbarsche, Welse, Knochenzüngler) die Maulbrutpflege in unterschiedlicher Ausprägung. Diese bietet der Nachkommenschaft optimalen Schutz – außer ein größerer Räuber macht sich über das Elterntier her und verschlingt es »mit Haut und Haaren«, im genannten Fall mit den im Maul getragenen Eiern oder Jungen.
Zum Schutz ihrer Jungen werden manche Tierarten buchstäblich zu »Schaumschlägern«. So gibt das Weibchen des tropischen Ruderfrosches ein schleimiges Sekret ab und schlägt es mit den Hinterbeinen schaumig, um daraus ein Schaumnest für die Eier zu formen. Einen Schutz der Eier mittels Schaumnest kennen wir auch von weiteren Tierarten. So vermögen die auf Pflanzen lebenden Larven der Schaumzikaden die am After austretende Flüssigkeit mit Luft aus den Atmungsorganen (Tracheensystem) aufzuschäumen. Diese im Volksmund auch als »Kuckucksspeichel« bezeichnete Schaumhülle bietet einen gewissen Schutz vor Fressfeinden. Auch Wasserkäfer bauen Nester aus Schleim, in die sie ihre Eier ablegen. Derart ausgestattet, treiben die Gebilde dann an der Wasseroberfläche. Verschiedene Fischarten, beispielsweise die Labyrinthfische, afrikanische Buschfische, der ostasiatische Kiemenschlitzaal sowie einige Vertreter der südamerikanischen Panzerwelse, sind ebenfalls Schaumnestbaumeister. In Anpassung an sauerstoffarme Verhältnisse im Wohngewässer haben sie den Standort für die Eientwicklung schlauerweise an die Gewässeroberfläche oder oberflächennah an die Blattunterseite von schwimmenden Wasserpflanzen gelegt. Die Schaumnester werden mit den abgelegten und befruchteten Eiern bestückt und teilweise sogar bewacht. Absinkende Eier nehmen einige Arten, etwa der Kampffisch, mit dem Maul wieder auf und spucken sie zurück ins Nest.

Seepferddamen flirten zunächst stundenlang mit ihrem Lover, um ihm dann flugs die Eier zur weiteren Pflege unterzuschieben.

Gerade bei den Fischen gibt es neben diesen noch weitere interessante Methoden der Brutpflege. Bitterlingsfrauen beispielsweise deponieren ihre Eier mit einer langen Legeröhre in den Kiemenraum einer Süßwassermuschel, wo sie sich gut geschützt, vom frischesten Wasser umströmt und später wie im Schlaraffenland mit ausreichend Nahrung versorgt entwickeln können. Schließlich kommen eines Tages die fertigen Fischlein zum Vorschein.

Anders hat der Dreistachlige Stichling die Brutpflege geregelt. Bei dieser Art übernehmen die Väter die Angelegenheit und sorgen für den Schutz der Bälger. Sie bauen ein Nest aus Pflanzenteilen, in das die Eier abgelegt werden, und bewachen wie scharfe Hofhunde die Brut. Beim Moderlieschen, einem kleinen einheimischen Karpfenfisch, behütet das Männchen das an einem Wasserpflanzenstängel abgelegte bandförmige Gelege. Durch ständiges Fächeln mit den Brustflossen wird für frisches Wasser gesorgt und somit eine Verpilzung der Eier verhindert.

Männersache ist die Brutpflege auch bei den Seepferdchen sowie den See- und Schlangennadeln. Beim Stunden dauernden Liebesspiel becircen die Seepferdchenmädels ihre Liebhaber und legen ihnen dabei die besamten Eier in die Bruttasche. Da sich die wilden

Schlupfwespen können zur giftfreien biologischen Bekämpfung von bestimmten Schadinsekten eingesetzt werden.

Manche mögen's heiß

Waldbrände enden für viele Tierarten mit dem Tod. Vor allem Kleintiere können der Feuersbrunst oft nicht schnell genug entkommen und müssen den Flammentod sterben. Aber es gibt nicht nur Verlierer. So ist für manche Tierarten der Tisch nach einem Waldbrand besonders reich gedeckt. Betäubte, halbtote und tote Waldbewohner bieten den verschiedensten Tierarten (u.a. Vögeln und räuberischen Säugern) geradezu ein Festmahl – es sei denn, sie stehen nicht auf Grillfleisch. Für den australischen Feuerkäfer sind Waldbrände geradezu überlebensnotwendig, so paradox dies auch klingen mag. Mittels eines Wärmesensors sind die Feuersucher fähig, Waldbrände auf eine Entfernung von über 60 km festzustellen. Für sie ist die geortete Wärme ein wichtiges Signal für einen geeigneten Paarungsplatz. Denn für die Eiablage benötigen Feuerkäfer Totholz, da die Käferlarven ansonsten im Harz ertrinken oder vom wachsenden Holz zerquetscht würden. Nach dem Schäferstündchen legen die Käferweibchen ihre Eier in die verbrannte Baumrinde und übertragen einen Pilz. Die sich durch den Pilz zersetzende Rinde bietet den geschlüpften Käferlarven ausreichend Nahrung. Auch in Deutschland gibt es eine Käferart, die es heiß mag. Der in den Kiefernwäldern Brandenburgs vorkommende Kiefernprachtkäfer hat ähnliche Fortpflanzungsansprüche – auch er steht auf Feuer.

Casanovas gleich mehrfach mit unterschiedlichen Seepferddamen einlassen, ist ihre Bruttasche letztendlich prall gefüllt. Dort entwickeln sich die Eier bis zum fertigen Jungtier, die der Familienvater bei einem fast weiblich anmutenden »Gebärakt«, mit Pressen und Winden nach etwa 4 Wochen in die Unterwasserwelt entlässt.
Auch bei den Insekten findet man ideenreiche »Origamikünstler«, die über diesen Weg bei der Eiablage widrigen Witterungseinflüssen und Feinden ein Schnippchen schlagen wollen. Unter den Rüsselkäfern gehören die so genannten Blattroller zu dieser »Berufsgruppe«. Je nach Rüsselkäferart werden die Blätter der Wirtspflanzen (u.a. Birke, Eiche, Pappel, Hasel) unterschiedlich eingeschnitten und dann zigarrenförmig eingerollt. Während sie die Festigkeit der Blattzigarre durch Rüsseleinstiche und mit einem Klebsekret erhöhen, finden die Rüsselkäferfrauen auch noch Zeit, ihre Eier abzulegen. Die Blattzigarre wird in jeweils arttypischer

Form aufgerollt: Man kennt Querroller (z. B. Birkenblattroller) und Längsroller (z. B. Rebenstecher). Querroller rollen das Blatt von der Spitze her quer, Längsroller längs um die Blattmittelrippe auf. Die geschlüpften Larven ernähren sich vom trockenen Blattgewebe ihrer Behausung.

Erstaunliche »Bruthäuser« für die Nachkommenschaft lassen die so genannten Gallbildner entstehen. Zu den Gallinsekten zählen Blattläuse, Gallwespen, Gallmücken, Rüsselkäfer und Schmetterlinge.
Die weiblichen Geschlechtsorgane dieser Gruppen beinhalten ein besonderes Sekret, das bei der Eiablage auf dem Pflanzenblatt in die Einstichstelle abgegeben wird. Dadurch wird die Wirtspflanze veranlasst, Nährgewebe für die Insektenlarven aufzubauen. Je nach Insektenart und Wirtspflanze verschieden, bilden sich erstaunlich geformte Kinderstuben aus. So entstehen u. a. kugel-, kegel-, keulen- und auch schlauchförmige Gebilde.
Was pflanzenfressende Säuger fallen lassen, ist für die so genannten Dung- und Mistkäfer, die zu den Blatthornkäfern zählen, eine heiß begehrte Hinterlassenschaft. Denn viele dieser Käfer legen ihre Eier in diesem Recyclingprodukt der Natur ab. Der Heilige Pillendreher, auch Heiliger Skarabäus genannt, der im Mittelmeerraum und in Mittelasien vorkommt, hat eine besondere Form der Brutfürsorge entwickelt. Er formt aus Tierdung eine Kugel in die jeweils ein Ei gelegt wird. Der geschlüpften Larve steht somit gleich ein ansehnliches Nahrungsdepot zur Verfügung. Die Kugel, die auch birnenförmig sein kann, wird in der Erde vergraben. Dadurch ist die schlüpfende Larve vor Fressfeinden und vor dem Austrocknen geschützt.
Ähnlich wie der Pillendreher stellen auch Schlupfwespen ihrer Nachkommenschaft eine beachtliche Frisch-

fleischreserve während des Larvendaseins zur Verfügung. Das Muttertier sorgt damit für ihre Kinder vor. Bekanntlich legen Schlupfwespen ihre Eier in Insektenlarven ab, die sie vorher bewegungsunfähig gemacht haben. Die geschlüpften Larven fressen sich bis zum Schlupf im wahrsten Sinne des Wortes durch die Wirtslarve hindurch. Da die einzelnen Schlupfwespenarten unterschiedliche Wirte befallen, werden sie gerne zur biologischen Schädlingsbekämpfung in der Forst- und Landwirtschaft sowie in Gewächshäusern eingesetzt.
Eine auf die Spitze getriebene Mutterliebe findet man bei einer kubanischen Raubwanzenart. Das fürsorgliche Weibchen gewährt den Bälgern nicht nur mit ihrem Körper Schutz, sondern auch Nahrung. Die Junglarven stechen nämlich die Mutter mit ihren Rüsseln an, um sich von ihren Körpersäften zu ernähren. Noch härter geht es bei manchen Spinnenarten zu. Dort fallen die flügge gewordenen Jungspinnen über die arme ausgelaugte Mutter her, um sie zu verspeisen. Obwohl bei den Reptilien eine ganze Anzahl von Chamäleons, Geckos, Leguanen und weiteren Echsen sowie Schlangen lebendgebärend sind, ist eine echte Brutpflege die große Ausnahme. Zwar werden bei den nicht lebendgebärenden Arten die Eier an geschützter Stelle deponiert, dann aber ihrem Schicksal überlassen. Nicht so bei den Krokodilen. Diese legen ihre Eier in selbst gegrabenen Gruben oder in Nestern aus Pflanzenteilen ab. Die modernden Pflanzenteile und auch die Sonne sorgen für die notwendige Bruttemperatur. Mit Argusaugen bewachen die aufmerksamen Krokodilsdamen die Nester. Beim Nilkrokodil werden hierzu zudem die Herren der Schöpfung in die Pflicht genommen. Auch den Jungtieren lassen die Eltern diese besondere Fürsorge noch angedeihen, bis sie sich ab einer bestimmten Größe selbst durchs Leben schlagen müssen.
Wenn es um die Gestaltung von Nistplätzen geht, gehören Vögel zu den geschick-

Feenlämpchen

Als »Feenlämpchen« werden im Volksmund die Kokons der Sackspinne bezeichnet. Sie besitzen einen dünnen Stiel mit einem lampenförmigen Kokon und sind an Pflanzen befestigt. Damit sehen sie in der Tat wie eine kleine, hängende Laterne aus. Die Gebilde weisen neben einer oberen Eikammer auch eine untere Häutungskammer auf. Nach dem Schlüpfen verbleiben die Jungspinnen noch etwa 2–3 Wochen in der Häutungskammer, bevor sie in die Freiheit entfleuchen. Da die Kokons sehr dicht gewebt sind, haben es Räuber und Brutparasiten schwer, an die Eier zu gelangen.

testen Baumeistern. Die Nestformen und -standorte sind vielfältig. Das Spektrum reicht von Schwimmnestern wie dem des Haubentauchers bis hin zu kunstvoll gewobenen und geschlossenen, in der Vegetation aufgehängten Nestern wie beispielsweise denen von Beutelmeise oder einigen Stärlingen, Webervögeln und Nektarvögeln. Dabei wenden die letztgenannten Arten verschiedene Knoten und Webmuster an, um die verwendeten Pflanzenteile (meist Grashalme) miteinander zu verflechten. Andere Arten brüten ihre Eier im Schutz von Höhlen aus, so verschiedene Spechtarten, die die Kinderstuben in Baumstämme zimmern. Wahre »Bergbauingenieure« sind Uferschwalbe und Eisvogel, die ihre Bruthöhlen mühevoll in anstehende Lößwände graben. Im Schutz dieser Bauten wird dann der Nachwuchs aufgezogen.

Ein Mistkäfer wird zum Gott erhoben

Die alten Ägypter liebten und verehrten den Heiligen Pillendreher als Gestalt der Gottheit Chepre. Er galt als »der aus der Erde Entstandene«, als das Symbol der Schöpferkraft und als Glücksbringer. Das rührt vermutlich daher, dass der Käfer kurz vor den ersehnten Nilhochwassern vom Wasser wegwanderte und in den Häusern erschien. So war er ein freudig begrüßter Bote für die bevorstehenden fruchtbaren Fluten. Zudem bewunderten ihn die Ägypter wegen seiner Fähigkeit, Dungkugeln mit den Hinterbeinen zu rollen und verglichen ihn gar mit dem Sonnengott, der die Sonne über den Himmel bewegte. In Darstellungen schiebt er deshalb oft die Sonnenscheibe über das Firmament. Die Ägypter nutzten in Stein geschnittene Skarabäen als Verwaltungssiegel und als Amulett, das an einem Faden getragen wurde. Zudem fand der Käfer als Stein in Fingerringen und anderen Schmuckstücken Verwendung. Selbst in die Hieroglyphenschrift der alten Ägypter fand der Skarabäus Eingang. Er stand für das Wort »entstehen«.

Beuteltiere sind Spätentwickler, die nach kurzer Tragzeit noch eine monatelange Nachentwicklung im Beutel der Mutter absolvieren müssen.

Die »Krone der Schöpfung« stellen bekanntlich die hoch entwickelten Säugetiere dar, zu denen auch wir Menschen gehören. Bei den Säugern bedürfen die Nesthocker eines besonderen Schutzes, da sie meist blind und nackt zur Welt kommen. Dies ist der Fall bei Arten, die ihre Jungen deshalb in einem Nest, einem Bau oder einer Höhle gebären (z. B. Mäuse, Maulwurf, Fuchs, Dachs, Wolf). Die Nestflüchter wiederum (u. a. Rind, Pferd, Reh, Antilopen, Nashorn und Elefant) sind als Neugeborene bereits so weit entwickelt, dass sie nach wenigen Stunden dem Muttertier folgen können oder von diesem getragen werden (z. B. Affen). Anders verhält es sich bei den Beuteltieren (z. B. Beutelmull, Wombat, Koala, Känguru), deren nur 0,5–3 cm messender Nachwuchs schon nach kurzer Tragzeit geboren wird. Völlig unentwickelt, müssen die Winzlinge in den Beutel der Mutter klettern, wo sie auf eine Milchquelle in Form von Zitzen stoßen. Im Beutel erfolgt dann eine meist monatelange Nachentwicklung, die je nach Art unterschiedlich lang sein kann. Unter den Säugetieren gibt es im Hinblick auf Geburt und Nachwuchs weitere Besonderheiten. Zu nennen sind das in Australien und Tasmanien lebende Schnabeltier sowie die ebenfalls dort vorkommenden Ameisenigel. Diese Arten legen Eier und säugen ihre Jungen nach dem Schlupf (s. Kasten).

Zwillinge, Drillinge bzw. Vierlinge sind u.a. bei Großkatzen wie Löwe, Tiger und Leopard die Regel. Auch verschiedene Bärenarten, Dachs, Fischotter sowie manche Affen (Mausmakis und Krallenäffchen) können Zwillinge bis Vierlinge zur Welt bringen.

Ausschließlich Zwillinge kommen beim Alpensalamander vor, der Gebirgsregionen bis in eine Höhe von 3000 m bewohnt. So legen die Tiere in den beiden Eileitern zwar etwa 60 Eier an, von denen sich aber nur zwei zur Larve entwickeln. Diese beiden Larven ernähren sich von den anderen, sich auflösenden Eiern im Mutterleib bis zum reifen Jungtier. Nach 2 bis 4 Jahren kommen dann zwei voll entwickelte Jungtiere zur Welt. Folglich investieren Alpensalamander in geringzahligen Nachwuchs, der aber dafür fertig entwi-

Die größten Eier aller Zeiten

Der Elefantenvogel, der den französischen Kolonialherren im 17. Jahrhundert auf Madagaskar noch als seltener Vogel bekannt war, ist inzwischen ausgestorben. Mit einer Größe von bis zu 3,5 m und einem Gewicht von bis zu 500 kg war er der mächtigste Vogel, der je gelebt hat. Nur die neuseeländischen Moas waren mit bis zu 4 m zwar größer als der Vogelgigant, jedoch bei weitem nicht so kräftig gebaut. Zum Vergleich: Ein sehr großer Strauß erreicht bis zu 2,4 m und wiegt dabei rund 150 kg. Die Eier des Elefantenvogels hatten einen Umfang von über 90 cm und einen Inhalt von rund 9 Litern, das entspricht etwa 10 Straußeneiern oder aber fast 200 Hühnereiern. Der Elefantenvogel produzierte die größten Eier und damit auch die größte Einzelzelle aller Zeiten. Mit ihren Maßen übertrafen sie selbst alle bekannten Dinosaurier-Eier.

ckelt ist. Dieser als embryonaler Kannibalismus bezeichnete Vorgang ist klar als Anpassung an die rauen Umweltgegebenheiten im Gebirge zu verstehen. Arten wie der Sand-Tigerhai, der Heringshai und der Makrelenhai gehen auf ähnliche Art und Weise vor. Ein oder zwei Jungtiere fressen auf Kosten der Entwicklung weiterer Embryonen die anderen Eier und Embryonen sowie teilweise das Ovargewebe einfach auf.

Feldmäuse sind frühreife Früchtchen und haben die meisten Nachkommen pro Jahr bei den Säugern.

Manche »Rabeneltern«, die sich nach der Eiablage um nichts mehr kümmern, legen sehr viele Eier ab. Hier sind die Verlustraten schon während der Eientwicklung und nach dem Schlüpfen schließlich besonders hoch. Der in den Meeren der warmen und gemäßigten Zonen weltweit verbreitete, bis zu 3 m lange und bis zu 1400 kg schwere Mondfisch bringt es auf die unglaubliche Zahl von über 300 000 000 Eiern. Die Tabelle bei den Insekten führen die Termiten an. Deren fleißige Königin legt täglich 86 000 Eier und kommt somit während ihres gesamten Lebens auf die gewaltige Legeleistung von über einer Milliarde Eier. Andere staatenbildende Insekten wie die einheimische Honigbiene fallen mit 2000 Eiern pro Tag dagegen richtig ab.

Bei den Vögeln legt der Afrikanische Strauß die größten Eier mit 1600 g Gewicht und bis zu 20 cm Höhe, die kleinsten der Hummelkolibri aus Kuba (Gewicht 0,3 g, Höhe rund 1 cm).

In puncto Produktivität schießen unter den Säugetieren die Feldmäuse den Vogel ab, da sie in dieser Tierklasse die meisten Nachkommen pro Jahr erzielen. Feldmäuse können

Einzelkinder beim kleinsten Frosch der Welt

Frösche legen in der Regel mehrere bis viele Tausend Eier ab. Nicht so der wohl kleinste Frosch der Welt, ein auf Kuba lebender Zwergfrosch, der zur Gattung *Eleutherodactylus* gehört. Dieser weniger als 1 cm messende Minifrosch – der somit auf einer Ein-Cent-Münze mehr als reichlich Platz hätte – setzt nur ein einziges und relativ großes, dotterreiches Ei an Land ab. Die gesamte Larvalentwicklung findet im Ei statt. Am Ende schlüpft ein fertiges winziges Fröschlein. Darüber hinaus ist noch eine weitere Minifroschart bekannt, der 1,5 cm große Kubanische Zwergfrosch. Dieser zweite Vertreter aus der Minifroschriege deponiert ebenfalls nur ein Ei an Land. Auch hier findet die Entwicklung von der Larve bis zum voll entwickelten Frosch im dotterreichen Ei statt.

3-mal im Jahr werfen und dabei je 7–12 Junge zur Welt bringen. Die Jungtiere wachsen sehr schnell heran, und schon nach 13 Tagen werden die frühreifen Lolitas von den älteren Herren vernascht. Ähnlich produktiv sind auch andere Mäusearten, Ratten sowie Kaninchen. Die Feldmäuse weisen freilich noch eine weitere Besonderheit auf, die Wissenschaftler als Bruce-Effekt bezeichnen: Sie beherrschen nämlich die Abtreibung. Wenn ein neuer Haremschef auf den Plan tritt, bilden die Mäuse die sich entwickelnden Nachkommen einfach wieder zurück. Das ist eine Präventivmaßnahme, da der neue Pascha die nicht von ihm stammenden Jungen sowieso töten würde. Zudem sind die Feldmausdamen so alsbald wieder in der Lage, mit dem neuen Haremsboss Liebe zu machen.

Der absolute Rekordhalter bezüglich Nachkommenzahl pro Wurf ist unter den Säugetieren der auf Madagaskar lebende Große Tanrek. Dieser zu den Insektenfressern zählende nachtaktive Stachelträger kann bis zu 20 Jungen pro Wurf in die Welt setzen.

KUCKUCKSKINDER – ODER: WIE TIERE FREMDBRÜTEN LASSEN

Der Begriff »Kuckucksei« ist geradezu ein Synonym für »untergeschobene« Nachkommenschaft. Das Abgeben des eigenen Nachwuchses in die Obhut von »Zieheltern« ist im Tierreich ein gar nicht so seltenes Phänomen. Der Gewinn liegt in der Ersparnis eines hohen Zeit- und Energieaufwandes für die eigentlichen Eltern. Ein echter Konkurrenzvorteil, denn während andere die Dummen sind und die untergeschobene Brut großziehen, können sich die »Rabeneltern« pflegen, Nahrungsreserven anfressen oder schon mit dem nächsten Liebhaber vergnügen. Diese besonders ökonomische und spezialisierte Form der Fortpflanzung findet man bei einigen Tiergruppen, vornehmlich bei Vögeln, Insekten und auch bei Fischen. Das bekannteste Beispiel für das als Brutparasitismus bezeichnete Verhalten und namensgebend für den so erzeugten Nachwuchs (Kuckuckskinder) ist der einheimische Kuckuck. Andere Tiere mit vergleichbarem Fortpflanzungsverhalten werden deshalb als Kuckucksenten, Kuckucksweber, Kuckucksbienen, Kuckucksrüssler und Kuckucksfische bezeichnet.

Der einheimische Kuckuck legt seine Eier in die Nester von 90 der etwa 130 in Deutschland vorkommenden Singvogelarten, wobei die Kuckuckseier den Eiern der Wirte in Größe und Farbe oft täuschend ähnlich sehen. Dazu wird das Nest der in Frage kommenden Zieheltern tagelang ausspioniert. Als bevorzugte Wirte kommen u.a. Rohrsänger, Pieper, Grasmücken, Braunellen, Bachstelzen und Rotschwänze in Frage. Der Eiertausch geht in Sekunden vor sich. Verlässt ein potenzieller Wirtsvogel mal eben sein Nest, um sich eine Kleinigkeit einzuverleiben, ist sofort die Kuckuckfrau da. Flugs wirft sie ein Ei des Geleges aus dem Nest und deponiert ihr eigenes an dessen Stelle. In den letzten Jahren macht der Klimawandel dem aus den afrikanischen Überwinterungsgebieten zurückkehrenden Kuckuck aber immer häufiger einen Strich durch die Rechnung. Denn die potenziellen Wirte kehren immer zeitiger aus den Überwinterungsgebieten zurück und beginnen auch früher mit der Eiablage. Nur der Kuckuck hat sich dieser Entwicklung noch nicht angepasst und kommt zu spät aus Afrika zurück. Er trifft dann immer öfter auf bereits geschlüpfte Bruten, und die Chancen für eine heimliche Eiablage schwinden.

Mafia-Methoden

Das Unterschieben von Kuckuckseiern bleibt von den Zieheltern nicht immer unbemerkt. In diesem Fall werfen die betrogenen Wirtsvögel das fremde Ei aus dem Nest. Dies wiederum kann die Brutschmarotzer auf den Plan rufen, die dann zu einem Gegenschlag ausholen. So hat man beim andalusischen Häherkuckuck beobachtet, dass dieser in einem solchen Fall die Nester und Gelege der Wirtsvögel aus Rache kurz und klein schlägt. Anscheinend kontrollieren die Kuckucke regelmäßig den Fortgang des Brutgeschäftes. Wurde ihr Ei entfernt, greifen die rabiaten Kuckucksvögel zu den genannten Mafia-Methoden.

Schlupfwespen nutzen Insektenlarven als Eiablagedepots und als lebende Fleischkonserve für die Nachkommenschaft.

Bei Vögeln findet man alle möglichen Facetten des Brutschmarotzens. So gibt es Arten, die ein eigenes Nest bauen und ab und zu ein Ei in andere Nester legen (u.a. bei Hühnervögeln, Tauben, Enten). Andere Arten erstellen gar kein Nest mehr (u.a. amerikanische Stärlinge, der Kuckucksweber und ein Großteil der bereits erwähnten Kuckucke), man lässt einfach fremdbrüten und hat sich so jede Menge Arbeit vom Hals gehalten.
Aber nicht nur bei Vögeln, auch aus der Insektenwelt sind Brutschmarotzer bekannt. Am höchsten entwickelt ist diese Art der parasitischen Brutfürsorge bei den Legewespen, zu denen auch die Schlupfwespen mit rund 80000 Arten gehören. Die Opfer (verschiedene andere Insekten bzw. deren Larven) werden nicht etwa mit einem Stich ins Jenseits befördert, sondern nur gelähmt und die Eier in deren Körper abgelegt. Für die aus den Eiern schlüpfenden Nachkommen fungieren die bedauernswerten Wirte als lebende Fleischkonserven, die Zug um Zug aufgefressen werden.
Eine Eiablage bei Insekten nach dem Motto »Einer sticht den anderen aus« beschreibt das folgende Beispiel: Als Erste in einer »Eiablagekette« legt eine Brackwespe ihre Eier in einer Raupe ab. Für die Brackwespenlarven wäre es ein Leben wie im Schlaraffenland, würden da nicht die Schlupfwespen der Gattung *Mesochorus* und die Erzwespen der Gattung *Terestichus* auf den Plan treten und ihre Eier in den Brackwespenlarven ablegen. Die Erzwespe (*Pediobius* spec.) setzt da noch einen drauf und parasitisiert wiederum die Larven der beiden vorgenannten Arten. Wie man sieht, ist es nicht immer ratsam, der Erste zu sein.
Selbst unter Wasser wird das muntere Spielchen mit dem Unterschieben betrieben. Denn auch bei Fischen findet man diese Art der zeit- und energiesparenden Fremdressourcennutzung, weswegen man solche Arten pauschal als »Kuckucksfische« bezeichnet. Eine den Elritzen ähnliche nordamerikanische Fischart legt ihre Eier einfach frech in die Nestmulden anderer, verwandter Spezies ab. Auf die Spitze treibt es der afrikanische Wels *Synodontis petricola*, der unverfroren die Eier der Cichliden-Gattung *Haplochromis* während der Eiablage frisst, um gleichzeitig seine eigenen an der gleichen Stelle zu deponieren. Einer anderen Art *(Synodontis multipunctatus)* gelingt es sogar, die eigenen Eier maulbrütenden Buntbarschen unterzujubeln. Die naiven Buntbarsche merken den Betrug nicht und versorgen die kleinen Welse, als wären es die eigenen Jungen.

Ameisenköniginnen verteilen »Antibaby-Pille«

Sehr erfolgreich wehren sich Ameisenköniginnen gegen Kuckuckskinder. Um sicherzugehen, dass alle Nachkommen von ihr abstammen, verabreicht sie ihren Arbeiterinnen ein Verhütungsmittel. Auf der Oberfläche der abgelegten Eier entdeckten Wissenschaftler Substanzen aus Kohlenwasserstoffen mit Verhütungswirkung. Die Substanzen werden aufgrund des engen Zusammenlebens im Ameisenstaat untereinander weitergegeben. Letztendlich schwindet den Arbeiterinnen die Lust an einer eigenen Eiproduktion. Mit dieser Geburtenkontrolle wird verhindert, dass die Untertanen Zeit und Energie auf das Eierlegen verschwenden und die für die Gemeinschaft wichtigen Aufgaben vernachlässigen.

SEX-REKORDE IM TIERREICH

Viele Tierarten lassen sowohl von der Ausstattung als auch von der Leistungsfähigkeit in Sachen Sex den Menschen im Vergleich wirklich blass aussehen. Einige besonders beeindruckende tierische »Sex-Rekorde« sollen im Folgenden kurz vorgestellt werden.

Wenn es beim Penis tatsächlich auf die Größe ankommt, dann liegt der Blauwal vorne. Mit Penissen von bis zu 3 m Länge und einem Durchmesser von 30 cm sind die riesigen Meeressäuger bestens ausgestattet. Entsprechende Dimensionen hat dann auch die Vagina der Weibchen, die bis zu 2,50 m lang wird und bei Bedarf sogar noch weiter ausgedehnt werden kann. Wer sich von der Größe der gewaltigen männlichen Walfortpflanzungsorgane selbst überzeugen will, sollte sich im »Penismuseum« im isländischen Reykjavik umschauen. In diesem einzigen Penismuseum der Welt sind mehr als 100 Phallen von verschiedenen Tierarten zu bewundern. Prunkstück der Sammlung ist ein präparierter 1,70 m langer und fast 70 kg schwerer Pottwalpenis. Ein stattliches Exemplar eines *Homo-sapiens*-Penis fehlt dem Museum allerdings. Offensichtlich jedoch nicht mehr lange, denn gleich mehrere Herren haben ihr bestes Stück testamentarisch dem Museum vermacht. Rekordhalter an Land ist übrigens – wie wohl auch nicht anders zu erwarten – der

Afrikanische Elefant, dessen Penis in erigiertem Zustand stattliche 1,80 m misst. Beneidenswert ist aber auch die Beweglichkeit des Elefantenphallus, die der des Rüssels kaum nachsteht. Den größten Penis im Vergleich zur Körpergröße haben jedoch Entenmuscheln. Ihr extrem dehnungsfähiges Fortpflanzungsorgan ist etwa 5-mal so lang wie sie selbst. Damit ist es den festsitzenden Krebstieren möglich, alle Weibchen in ihrer Reichweite zu begatten.

Mit den meisten Sexualorganen ausgestattet sind Bandwürmer. Die zwittrigen Darmparasiten bestehen nämlich aus einer ganzen Reihe gleich aufgebauter Körpersegmente, so genannter Proglottiden, die mit je einem Satz männlicher und weiblicher Geschlechtsorgane ausgerüstet sind. Der längste jemals gefundene Bandwurm war rund 70 m lang. Wissenschaftler zählten bei dem Gigantenbandwurm über 11 000 Körpersegmente. Damit hatte der Wurm insgesamt 22 000 Genitalien. Bandwürmer halten wahrscheinlich auch den Rekord für den einsamsten Sex im Tierreich, denn da gerade große Exemplare meist keinen Sexualpartner im Darm finden, befruchten sich die zwittrigen Tiere selbst.

Das längsten Spermium wiederum produzieren die nur rund 3 mm großen Männchen der Fruchtfliege *Drosophila bifurca*. Die Spermien sind in aufgerolltem Zustand 5,8 cm groß. Zum Vergleich: Ein menschliches Spermium ist gerade mal 0,05 mm lang.

In Sachen Dauersex sind Stabheuschrecken nicht zu schlagen. Die Männchen der bizarren Insekten halten ihre Weibchen nämlich bis zu 10 Wochen in einer Dauerumarmung und kopulieren immer wieder und wieder. Die Herren Stabheuschrecken unterziehen sich und ihre Weibchen dieser gewaltigen Ausdauerleistung nicht ohne Grund: Die eifersüchtigen Männchen wollen mit dem Marathonsex einfach verhindern, dass auch noch andere Verehrer bei ihrer Liebsten zum Zuge kommen. Gegen 10 Wochen muten die 22 Stunden Sex am Stück, die einmal bei einem Klapperschlangenpärchen beobachtet wurden, recht bescheiden an. Der

Wer ist der größte Sexprotz?

Und wer ist das potenteste Tier? Hier bewerben sich gleich mehrere Kandidaten: Löwe, Schimpanse und Zobel bringen es auf rund 50 Akte pro Tag – da würde selbst Casanova vor Neid erblassen. Bei den Damen liegt das Weibchen der Wanderratte weit vorn, das in der Brunst innerhalb von 6 Stunden mit den diversen Männchen seines Rudels bis zu 500-mal Sex haben kann.

Den kürzesten Sex der Welt haben dagegen Moskitos – nach 3 Sekunden ist alles vorbei. Ob die Moskitodamen damit zufrieden sind?

Schlangenakt dauerte wahrscheinlich deshalb so lange, weil das Männchen Schwierigkeiten hatte, seinen mit Stacheln besetzten Penis zurückzuziehen. Besser gar kein Sex als schlechter Sex, sagt sich wahrscheinlich die Galapagos-Riesenschildkröte namens »Lonesome George«, die das letzte Exemplar ihrer Art ist. Weibchen anderer Riesenschildkröten-Subspecies lehnt George als Sexualpartner nämlich ab.

SPANISCHE FLIEGE & CO.

Zuletzt noch etwas in eigener Sache, sprich zum *Homo sapiens*. Eine Umfrage hat es an den Tag gebracht: Allein in Deutschland haben etwa 6 Millionen Männer Schwierigkeiten mit ihrer Potenz – kein Wunder also, dass die Menschen zu allen Zeiten und in allen Kulturen versuchen, mit allerlei Wundermitteln ihre Lust und Liebeskraft zu stärken.

Die alten Griechen schworen zur Stärkung der Potenz noch auf pflanzliche Kost: Granatäpfel und Basilikum sollten schlappen Männern auf die Sprünge helfen. Allerdings wurden in Athen und Sparta gerne auch schon mal Eselshoden als Aphrodisiakum herangezogen. Der römische Kaiser Tiberius dagegen hoffte, durch

Die Wunderkraft des Einhorns

Im Mittelalter schrieb man dem Horn des sagenhaften Einhorns mannigfaltige Wunderkraft zu. War das Fabeltier selbst eigentlich ein Symbol der Jungfräulichkeit und Keuschheit, so stand sein Horn als Phallussymbol in völlig gegensätzlichem Ruf: Als Pulver eingenommen, galt es als sicher wirkendes Potenzmittel. Kein Wunder also, dass das »Horn«, bei dem es sich in Wirklichkeit um den Stoßzahn des männlichen Narwals handelte, damals mit Gold aufgewogen wurde, sodass sich nur Könige, Fürsten und der hohe Klerus (!) das vermeintliche Potenzmittel leisten konnten.

den Verzehr von Singvogelzungen, die er aus dem weit entfernten Germanien importieren ließ, seine angeblich durch eine Kriegsverletzung verursachte Impotenz zu überwinden. Bei den Orgien im alten Rom wiederum setzte man auf den Genuss von Austern, galten diese Muscheln doch auf Grund ihrer hohen Nachkommenschaft geradezu als Symbol der weiblichen Fruchtbarkeit. Und war nicht sogar die Liebesgöttin Venus selbst der Sage nach bei ihrer Geburt einer Auster entstiegen? Auch Giacomo Casanova, der berühmteste Frauenheld aller Zeiten, soll pro Tag mindestens 50 Austern bereits zum Frühstück verdrückt haben, um seinem legendären Ruf als Liebhaber gerecht werden zu können. Und der als Sonnenkönig bekannte Ludwig XIV. war dafür berühmt, die wohlschmeckenden Meeresfrüchte mit schöner Regelmäßigkeit gemeinsam mit seinen zahlreichen Kurtisanen geschlürft zu haben. Etwas Wahres ist tatsächlich dran am Ruf der Auster als Aphrodisiakum: Austern enthalten große Mengen an Zink. Heute weiß man, dass Zinkmangel bei Männern zu Impotenz und Unfruchtbarkeit führen kann, da dieses Mineral wesentlich an der Bildung des männlichen Geschlechtshormons Testosteron beteiligt ist. Und da kommt die Auster gerade recht: Kann doch schon eine einzige Auster den Tagesbedarf eines erwachsenen Menschen an Zink decken.

Der durch seinen »Gang nach Canossa« berühmt gewordene König Heinrich IV. (1050–1106) riskierte für seine Potenz sogar Gesundheit und Leben, denn nirgendwo liegen Liebe und Tod so nah beieinander wie bei dem von ihm konsumierten und allgemein als »Spanische Fliege« bekannten Potenzmittel. Bei der »Spanischen Fliege« handelt es sich zunächst einmal streng biologisch gesehen um gar keine Fliege, sondern um einen metallisch grün glänzenden Käfer aus der Familie der Ölkäfer, der vor allem in Südeuropa und den wärmeren Teilen Mitteleuropas zu Hause ist. Das Geheimnis liegt im Blut des in der Wissenschaft als *Lytta vesicatoria* bekannten Tieres, das den giftigen Wirkstoff Cantharidin enthält. Die Einnahme einer ausreichenden Menge getrockneter und zu Pulver gemahlener Käfer führt auf Grund des die Schleimhäute von Harnröhre und Harn-

Seepferdchen gegen Impotenz

Auch mit getrockneten Seepferdchen versucht man in Asien der Impotenz zu Leibe zu rücken. So landen etwa 20 Millionen Exemplare der Minifische – das Kilo zu 1000 Euro – jährlich auf den asiatischen Märkten. Allein China importiert pro Jahr rund 45 Tonnen Seepferdchen, die seit neuestem auch als Stärkungsmittel industriell hergestellten Suppen beigemengt werden. All diese nach wissenschaftlichen Erkenntnissen völlig wirkungslosen Mittel kosten nicht nur oft ein Vermögen, sondern bedrohen auch so manche Tierart in ihrer Existenz.

blase stark reizenden Cantharidins zu einer besseren Durchblutung der Sexualorgane und damit zu einer schmerzhaften, aber imposanten Erektion. Das sexuelle Verlangen wird durch die Einnahme der »Spanischen Fliege« übrigens nicht gesteigert.

Bei einer zu hohen Dosierung der Spanischen Fliege (bereits 10–50 mg wirken tödlich) wird das Zentralnervensystem angegriffen, und innerhalb von 12 Stunden tritt der Tod durch Lebervergiftung und Nierenversagen ein. Unglücklicherweise liegt die wirksame Dosis dieses Aphrodisiakums fast auf dem Niveau der tödlich giftigen, weshalb immer wieder Konsumenten an einer Überdosierung gestorben sind. Dies hielt allerdings potenzschwache Männer selten ab, den legendären Viagra-Vorläufer zu konsumieren. So gehörten Cantharidinpillen, die nach dem berühmten Minister Ludwigs XIII. »Pastilles à la Richelieu« genannt wurden, im Frankreich des 16. und 17. Jahrhunderts zur Grundausstattung jedes älteren Kavaliers. Und 1772 wurde der berüchtigte Marquis de Sade vom Staatsanwalt von Marseille wegen versuchten Mordes angeklagt, weil er während einer Orgie mehreren Prostituierten zur Steigerung der Lust mit »Spanischer Fliege« getränkte Anisplätzchen verabreicht hatte und die Mädchen danach schwere Vergiftungserscheinungen zeigten. Der Merksatz aus einem Hauskalender von 1856: »Man gebe nicht allzu viel dazu, sonst wird das Weibsbild verrückt«, zeigt, dass die »Spanische Fliege« Mitte des 19. Jahrhunderts dann auch den Weg in die Stuben der Bürger gefunden hatte. Kein Wunder also, dass 1870 der ölige Käfer auf dem Stuttgarter Wochenmarkt gleich kiloweise gehandelt wurde. Auf Grund der hohen Giftigkeit ist der Verkauf von »Spanischer Fliege« in einigen Ländern heute strengstens untersagt. Die in Erotikshops verkauften »Spanische Fliege«-Produkte enthalten nur homöopathische Dosen an Cantharidin und sind daher ungefähr-

lich, aber eben auch völlig wirkungslos, wenn man einmal von dem nicht zu unterschätzenden Placebo-Effekt absieht.
In Asien schwören Männer mit Potenzproblemen seit langem auf den Verzehr von Teilen von Tieren, die für einen häufigen und/oder lang andauernden Liebeakt bekannt sind. So stellt es für einen Tiger überhaupt kein Problem dar, mehrmals hintereinander Sex zu haben. Durchaus verständlich also, dass sich asiatische Männer von der Virilität des Tigers gerne eine Scheibe abschneiden möchten. Unglücklicherweise für die vom Aussterben bedrohten Großkatzen glauben sie jedoch, dies durch den Verzehr von getrockneten Tigerpenissen erreichen zu können. Und die mächtigen Landraubtiere sind mit diesem traurigen Schicksal nicht allein.
In Kanada und Grönland wurden viele Jahrzehnte lang jährlich Tausende von Robben allein deshalb getötet, weil sich viele asiatische Männer vom Verzehr ihrer Genitalien eine Steigerung der Potenz erhofften. So wurden allein 1996 in Kanada nahezu 50 000 Robbenpenisse zu Preisen von über 100 Dollar das Stück in chinesische Metropolen wie Hongkong oder Schanghai exportiert. Als jedoch die Lustpille Viagra 1999 die Welt eroberte, brach der Markt für Robbenpenisse völlig zusammen. Nur noch 10 000 Stück wurden zu einem vergleichsweise bescheidenen Preis von 20 Dollar das Stück an den Mann gebracht. Auch der Bedarf an Rentiergeweihen und -fellen, die ebenfalls wegen ihrer angeblichen potenzsteigernden Wirkung in Asien heiß begehrt sind, ging um 72 Prozent zurück. So retten

Bibergeil

Unter »Bibergeil« versteht man eine harzähnliche Substanz, die aus den paarigen Analdrüsen getöteter Biber entnommen wird. In der Medizin wurde Bibergeil bis ins 19. Jahrhundert gegen Krämpfe, hysterische Anfälle und andere Krankheiten eingesetzt. In der Parfümerie wurde Bibergeil dagegen wegen seiner vermutlich erotisierenden Note geschätzt.
Neuesten wissenschaftlichen Erkenntnissen zufolge ist im Bibergeil sogar tatsächlich sehr wahrscheinlich ein Pheromon enthalten, das anregend auf das menschliche Sexualdrüsensystem wirkt. Bibergeil war aus den genannten Gründen so begehrt, dass die bräunliche Substanz nicht nur mit Gold aufgewogen wurde, sondern dass auch der Biber in Mitteleuropa durch gnadenlose Bejagung an den Rand der Ausrottung gebracht wurde

die blauen Wunderpillen offensichtlich nicht nur die Potenz so manchen Mannes, sondern auch das Leben vieler Tiere. Neben Tigern und Robben mussten und müssen aber besonders in Asien auch noch zahlreiche andere Tiere im Dienste einer vermeintlichen Potenzsteigerung ihr Leben lassen. So wird z.B. aus Regenwürmern ein angeblich erotisierender Schnaps hergestellt, und in einigen Ländern glaubt man fest daran, dass der Verzehr von Schlangen oder Haifischflossen einer ermatteten Männlichkeit wieder auf die Beine hilft. Ganz hartgesottene oder vielleicht auch besonders verzweifelte Potenzmittelkonsumenten erhoffen sich einen Lustgewinn aus einer Tätigkeit, die nun wirklich nicht jedermanns Sache ist: Sie lecken am Rücken einer Agakröte, denn diese amerikanische Krötenart produziert ein giftiges Drüsensekret, das den Wirkstoff Bufotenin enthält, der ähnlich wie in einem LSD-Rausch Halluzinationen hervorruft und angeblich auch erregungs- und erektionssteigernd sein soll.

Zum Schluss soll noch mit einem weitverbreiteten Irrtum aufgeräumt werden, der nicht nur an Stammtischen gern kolportiert wird. Asiatische Männer glauben nämlich nicht, wie immer behauptet wird, ihre Potenzprobleme mit dem geriebenen Horn eines Nashorns beheben zu können. Grund hierfür sollten zum einen das an einen Phallus erinnernde lange, harte und steil aufragende Horn selbst sowie zum anderen die beeindruckende Tatsache sein, dass die Paarung der gepanzerten Kolosse oft mehrere Stunden dauern kann. Mehrere Untersuchungen zeigten, dass in China Nashornprodukte niemals als Aphrodisiakum betrachtet oder eingesetzt wurden. Diese Tatsache nützt den vom Aussterben bedrohten Nashörnern allerdings herzlich wenig, da Nashornpulver in der traditionellen chinesischen Medizin als Heilmittel gegen Krankheiten aller Art eine so große Rolle spielt, dass die hohe Nachfrage nach entsprechenden Produkten zu einer beispiellosen Dezimierung der afrikanischen und asiatischen Nashornarten geführt hat. Bei einem Schwarzmarktpreis von 60 000 € pro Horn ist es nur unschwer nachzuvollziehen, dass die illegale Jagd auf die vom Aussterben bedrohten grauen Riesen allen Schutzmaßnahmen zum Trotz unvermindert anhält.

Bibliographische Information
Der Deutschen Bibliothek

Die Deutsche Bibliothek verzeichnet diese Publikation in der Deutschen Nationalbibliografie; detaillierte bibliografische Daten sind im Internet über http://dnb.ddb.de abrufbar.

BLV Buchverlag GmbH & Co. KG
80797 München

Umschlaggestaltung und Layoutkonzept: Anja Masuch, Fürstenfeldbruck

Umschlagabbildungen: Sandra Menke

Lektorat: Dr. Friedrich Kögel, Dr. Eva Dempewolf
Herstellung: Hermann Maxant

DTP: Uhl+Massopust, Aalen
Gedruckt auf chlorfrei gebleichtem Papier

Printed in Germany
ISBN 978-3-8354-0142-6